远程虚实通信系统实验教程

主编 张立立 尹国成 徐 林 鲍玉斌 周 纲

东北大学出版社
·沈 阳·

图书在版编目（CIP）数据

远程虚实通信系统实验教程 / 张立立等主编. — 沈阳：东北大学出版社，2021. 12
ISBN 978-7-5517-2914-7

Ⅰ. ①远… Ⅱ. ①张… Ⅲ. ①无线电通信—通信系统—教材 Ⅳ. ①TN92

中国版本图书馆 CIP 数据核字（2021）第 259761 号

出 版 者：东北大学出版社
地址：沈阳市和平区文化路三号巷 11 号
邮编：110819
电话：024-83680176（总编室） 83687331（营销部）
传真：024-83687332（总编室） 83680180（营销部）
网址：http://www.neupress.com
E-mail: neuph@neupress.com
印 刷 者：沈阳市第二市政建设工程公司印刷厂
发 行 者：东北大学出版社
幅面尺寸：170 mm×240 mm
印　　张：12.25
字　　数：227 千字
出版时间：2021 年 12 月第 1 版
印刷时间：2021 年 12 月第 1 次印刷
策划编辑：孙 锋
责任编辑：邱 静
责任校对：袁 美
封面设计：潘正一

ISBN 978-7-5517-2914-7 定 价：30.00 元

前　言

PREFACE

本教程为计算机国家级实验教学示范中心规划教材。本教程分为三章：基础实验平台、信号与线性系统实验和通信原理实验。第一章基础实验平台介绍了无线通信系统综合实验平台的软硬件实验系统；第二章信号与线性系统实验共包括8个实验；第三章通信原理实验共包括18个实验，每个实验包括实验目的、实验原理、实验内容及步骤、实验报告要求等内容。

信号与线性系统是电子信息类专业（包括通信工程、电子信息工程等专业）的基础课。该实验课程主要讲授冲激响应与阶跃响应、二阶电路的暂态响应、信号卷积实验、抽样定理与信号恢复、矩形脉冲信号的分解、矩形脉冲信号的合成、谐波幅度对波形合成的影响、相位对波形合成的影响等实验内容，使学生掌握信号与线性系统分析的基本原理和方法，为学生深层次理解电路原理提供多种解决方法，从而为学生学习后续课程打下良好的基础，培养学生解决实际问题的能力。

通信原理是电子信息类专业（包括通信工程、电子信息工程等专业）的主干专业课。主要实验内容包括信源、信道编译码实验［其中包括4个实验：PCM编译码、增量调制（CVSD）编译码、卷积码编译码及纠错性能验证、循环码编译码及纠错能力验证］、数字调制解调技术（其中包括6个实验内容：FSK调制解调、BPSK调制解调、DPSK调制解调、QPSK调制解调、OQPSK调制解调、DQPSK调制解调）、数字基带传输实验［其中包括4个实验内容：基础码型变换、线路编译码、眼图观测与判决再生（一）和（二）］、同步技术实验（其中包括3个实验内容：载波同步、位同步提取、帧同步）、通信系统实验等实验，使学生明白通信系统如何传输信息及如何传输得更好。

本教程内容层次分明，浅显易懂，知识点覆盖范围广，使学生能够掌握分析通信系统的基本方法，强调培养学生理论联系实际和研究、开发、创新的能力，适合高等院校通信工程、电子信息技术等专业学生作为相关课程实验参考书。

由于编者水平所限，本教程不妥之处敬请批评指正。

编　者

2020年12月

目 录

CONTENTS

第一章

基础实验平台

第一节 实验平台概述

本实验教程基于RZ9692型无线通信系统综合实验平台，此平台是适应当前通信理论教学及实验教学发展趋势的新一代无线通信系统综合实验平台。此平台采用虚实一体设计思路，学生既能在现场进行实验，也能通过网络在个人PC端进行实时操作测试及开发实验。同时，结合了当前教学技术发展的几大趋势，即实验教学的工程化、实验设备的网络化、课堂教学的智能化。

一、实验平台特点

本实验平台主要由三个单元组成：基带处理单元、射频单元、嵌入式PC控制器单元，结构如图1-1，主要特点如下：

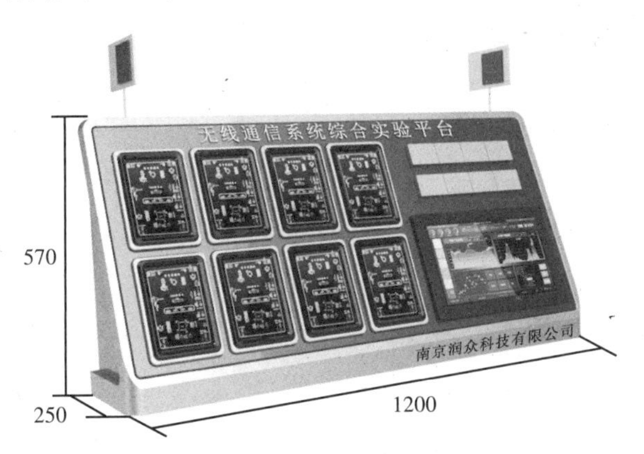

图1-1 实验平台参考实物图（单位：mm）

（1）非常有效地解决了实验场地与学生实验时间冲突的矛盾。实验平台在管理软件和虚拟实体操作软件支持下，学生能在远端随时、随地、随兴地完成课程实验，进行设计创新开发。

（2）克服了实验模式单一、实验内容固定的困难。学生能根据自己的学习进度安排实验时间，选择扩展实验内容，从而激发进行实验的积极性，满足个性化的教学要求。

（3）便于维护与管理。实验室开放，学生可通过网络在PC端用浏览器操控实验平台。

① 连接实验电路。

② 调整数控器件。

③ 配置电路参数。

④ 选择测试点。

⑤ 操作测量仪表（虚拟信号源、示波器、频谱仪、逻辑分析仪等）。

⑥ 实时信号测试。

⑦ 远程下载二次开发算法。

（4）提升教学效果，理论课教师能用投影仪实时演示真实通信系统中各种技术特性，如各种编解码的性能、带宽速率匹配、不同调制方式优劣、同步作用等。

（5）多课程融合，引导学生理解所学课程作用。系统支持：信号系统、数字信号处理、语音处理、通信原理、数字通信、软件无线电、无线通信系统、射频电路、射频通信虚拟仪器技术等课程实验；实验场景设置。

二、实验教学流程

在此平台进行实验课程时，按照下面流程进行实验（图1–2）：

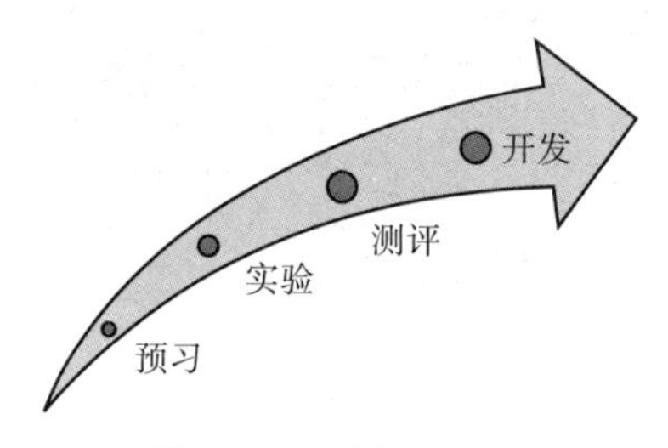

图1–2　实验教学流程

（1）预习：系统配备交互式预习系统，通过实验框图、文字说明、虚拟实验操作、仿真信号测试等内容，结合配套的实验教材，完成对应实验理论的预习。

（2）实验：本系统支持学生本地及远程实验，本地实验时学生在内嵌PC控制器上进行实验内容选择、各种参数设置、框图对应各点信号测试等实验；在实验时间不够或实验课时有限时，学生能在远程进行补充实验、扩展实验，虚拟示波器、虚拟频谱仪、虚拟逻辑分析仪能满足信号时频域测试。

（3）测评：系统通过配套的教师端软件或手机APP软件，对学生的实验系统进行故障设置，考核学生对所学知识的掌握程度。

（4）开发：实验模块全部采用可编程器件，所有实验均能二次开发，每个模块均带网络加载功能，学生能通过网络随时加载二次开发算法，不断电、不插线。

第二节 系统各单元介绍

一、实验模块

RZ9692型无线通信系统综合实验平台采用基于操作系统的智能中控系统和实验模块结构，系统由三个单元组成：嵌入式PC控制器单元、基带处理单元、射频单元。嵌入式PC控制器单元能形象地展示信号处理流程、实验操作步骤；基带处理单元支持通信原理等课程的原理实验、系统实验、二次开发实验；射频单元支持射频电路测试实验、射频通信系统实验、射频电路仿真设计实验等。基带模块和射频前端级联后，能构成完整的无线通信系统。

下面主要介绍各单元模块简要功能。

（1）嵌入式PC控制器单元。

① 双核处理器、4 GB内存、128 GB固态硬盘、15寸液晶显示屏。

② 学生通过PC控制器进行人机交互，完成实验内容选择、实验参数配置、实验框图、实验步骤调阅、实时信号虚拟仪器测试。

（2）基带处理单元。

基带处理单元共配8个模块：

① 信号源模块A1。

② 信源编码与复用模块A2。

③ 码型变换线路与信道编码模块A3。

④ 频带调制模块A4。

⑤ 频带解调模块A5。

⑥ 信道译码模块A6。

⑦ 复用与信源译码模块A7。

⑧ 终端模块A8。

（3）射频单元。

① 发端数字锁相振荡器。

② 上变频器。

③ 发射增益可控放大器。

④ 射频功放。

⑤ 发射天线。

⑥ 接收天线。

⑦ 低噪声放大器。

⑧ 接收增益可控放大器。

⑨ 接收数字锁相振荡器。

⑩ 下变频与中频滤波器。

二、各个实验模块介绍

（一）嵌入式PC控制器

嵌入式PC控制器由主机、网络交换机、15寸液晶屏组成。嵌入式PC控制器可完成实验课程与实验内容选择、实验框图显示、参数配置、虚拟仪表操作、信号测试等；嵌入式PC控制器液晶屏开机界面有6个快捷键，用于完成实验课程选择、虚拟仪器使用介绍、设备使用帮助。

平台主要支持四门课程。MATLAB SIMULINK代表信号处理，代表数字通信（通信原理），代表射频通信，VoLte代表移动通信。代表为设备使用帮助；为虚拟仪器。

虚拟仪器包括：虚拟信号源、虚拟示波器、嵌入式逻辑分析仪等，确保学生能在没有外置仪表的情况下完成实验。

1. 虚拟信号源DDS

如图1–3，虚拟信号源能产生正弦波、方波、三角波、半波、全波、锯齿波、复杂信号、音乐信号、语音信号等9种信号，信号幅度、频率均可用鼠标调节。这里的幅度只是一个相对量，无具体单位。

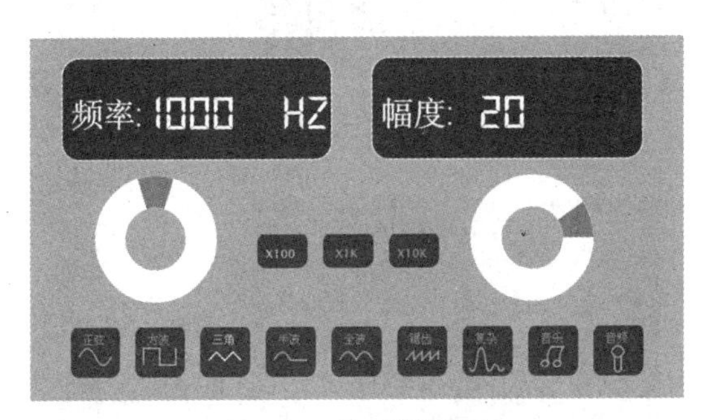

图1–3 信号源面板

2. 虚拟示波器

虚拟示波器有四个通道，示波器扫描速度、*Y*轴灵敏度、水平位移、垂直位移可调；触发源、触发方式、显示方式、FFT可选。

（1）频谱FFT功能。如图1–4，点击示波器中上方“FFT”键，示波器界面出现菜单，打开“模式”选项，“通道”选择“希望观测通道”。示波器扫速开关可调采样率（频谱位置和宽带会变），通道1的灵敏度可调频谱幅度。

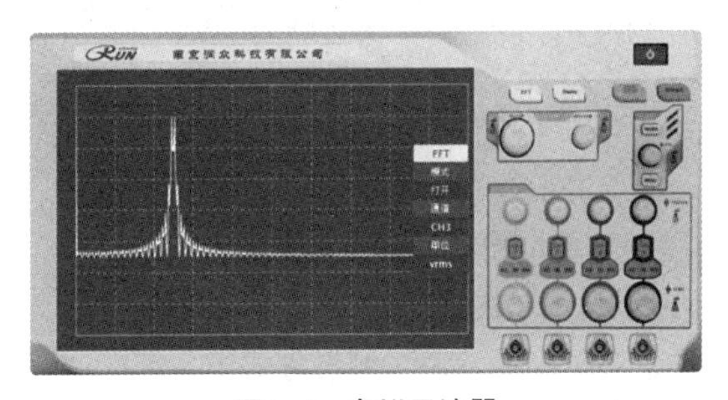

图1–4 虚拟示波器

（2）Display功能：点击示波器中上方“Display”键，示波器界面出现菜单，“模式”可选XY或YT两种，正常情况下选YT模式，用于观察时域信号；看李沙育图或星座图时，选XY模式；菜单中“余辉”项平时放在最小值，观察眼图时，余辉放在20；图1–5分别是YT模式、XY模式、YT余辉模式。

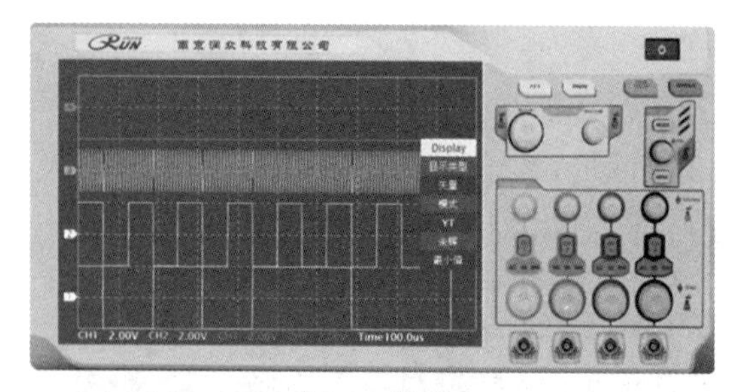

(a) YT模式

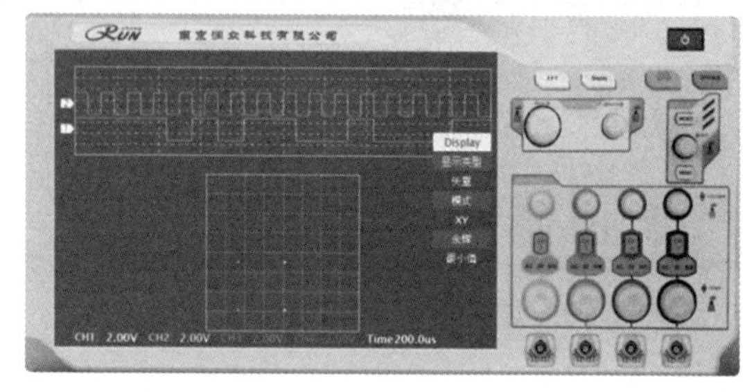

(b) XY模式

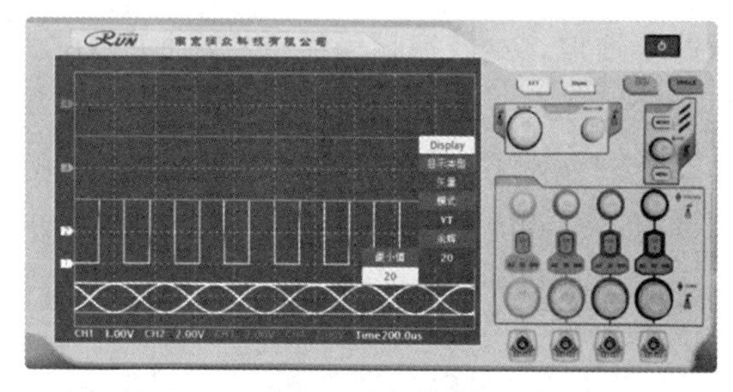

(c) YT余辉模式

图1-5 YT模式、XY模式、YT余辉模式

(3) Single模式：点击示波器面板右上方“SINGLE”键，示波器波形只扫一次，按“RUN”键，可取消单次功能。

(4)“MENU”键：点击示波器面板右侧“MENU”键，示波器面板出现菜单，见图1-6，通过菜单选择触发源、触发方式等。

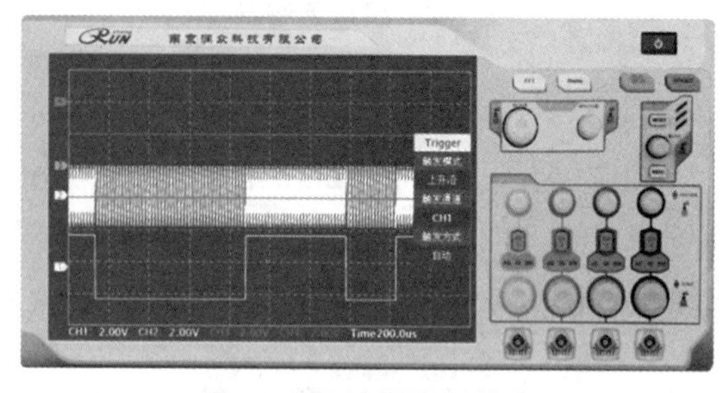

图1-6 示波器面板菜单

3. 嵌入式逻辑分析仪

（1）逻辑分析仪面板如图1-7，共有8个逻辑信号输入，1个模拟信号输入（右下角）。

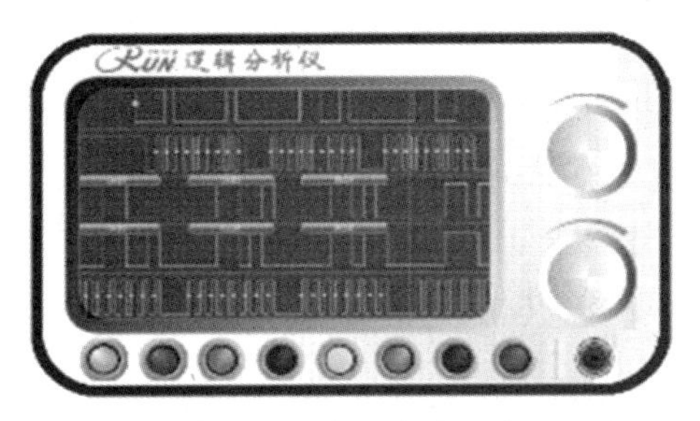

图1-7　逻辑分析仪面板

（2）测试界面如图1-8所示，逻辑分析仪的触发通道CH1-CH8、触发电平（上升沿、下降沿、高电平、低电平）、采样率（4 K/s、8 K/s、16 K/s、32 K/s、64 K/s、128 K/s、256 K/s、512 K/s、1 M/s、2 M/s、4 M/s、8 M/s、16 M/s）、触发方式可选。

（3）时间计算公式：$T_s = (T_2 - T_1)$ / 采样率。

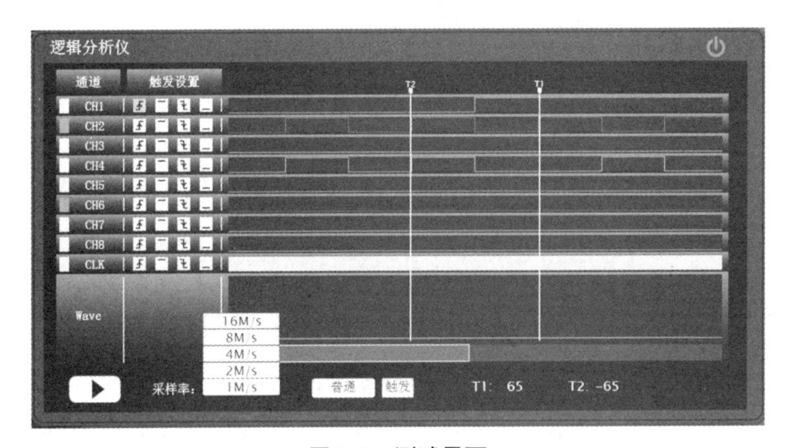

图1-8　测试界面

（二）信号源模块A1

信号源模块内置函数信号和视频信号，能产生实验所需的各种信号，信号种类、频率、幅度均能由后台控制，信号源面板如图1-3所示。

函数信号：选择所需信号，然后设置抽样脉冲频率和占空比。

视频信号：CMOS摄像头采集实时图像信号作无线通信系统视频源用，经传输后，在模块A8液晶屏上显示。

（三）信源编码与复用模块A2

模块基于ARM和FPGA实现如下功能：

（1）基带信号产生：码型速率可调的随机码、16 bit设置信号。

（2）PAM、PCM、CVSD编码。

（3）时分复用。

（4）白噪声产生（噪声电平可调）。

（四）码型变换线路与信道编码模块A3

基于ARM和FPGA，通过配置完成以下操作：

（1）各种码型变换（单极性不归零、双极性归零、密勒码等）和线路编译码（CMI、AMI、HDB3等）。

（2）汉明编码、卷积码编码、循环码编码、交织编码等。

（五）频带调制模块A4

频带调制模块可以完成多种类型的频带调制实验，主要功能均在FPGA中实现，模块内置高速DA芯片，能完成以下操作：

（1）二进制调制：ASK、FSK、PSK、DPSK。

（2）多进制调制：QPSK、OQPSK、DQPSK、QAM、GMSK、OFDM等。

（3）基带成型、噪声信道模拟、多径信道模拟、衰落信道模拟等。

（六）频带解调模块A5

频带解调基于FPGA和软件无线电技术，能完成以下操作：

（1）ASK、FSK、PSK、QPSK、OQPSK、DQPSK、QAM、GMSK、OFDM等解调等。

（2）NCO、DUC、DDC、载波同步等软件无线电开发等。

（3）信道均衡、匹配滤波开发等。

（七）信道译码模块A6

信道纠错译码主要由FPGA完成，能完成汉明译码、卷积码译码、循环码译码、解交织等。

（八）复用与信源译码模块A7

模块基于FPGA可编程器件，能完成以下操作：

（1）时分解复、码分解复用、帧同步前后向保护等。

（2）PAM、PCM、CVSD译码。

（九）终端模块A8

终端模块主要完成语音信号恢复、视频信号显示。

第三节 系统操作及注意事项

一、实验平台基本操作方法

在使用实验平台进行实验时，要按照标准的规范进行实验操作，一般的实验流程包含以下几个步骤：

（1）将实验台面整理干净，设备摆放到对应的位置开始进行实验。

（2）打开实验平台电源（先打开实验平台右侧开关，再打开左侧开关），稍等几秒后，实验平台左侧8个基带模块右上角红色电源指示灯亮、左上角绿色运行指示灯闪烁，说明8个模块运行正常；如果有模块不正常，需告知老师，以便判断是否可以正常进行实验。

（3）打开嵌入式PC控制器，按步骤登录浏览器，进入实验操作主页。主页有实验平台模型，模型中8个模块运行指示同实际模块，如果模块左上角绿色指示灯闪烁，说明PC控制器同实验模块连接正常；否则，报告老师，检查原因。

（4）实验内容选择、实验参数配置需用鼠标在液晶界面操作。

（5）实验波形测试可以用实体示波器测量，也可在液晶界面上用虚拟示波器测量。

（6）实验完成后，先关闭嵌入式PC控制器，再关闭实验平台电源。

（7）整理实验附件，还原到位。

二、实验方法与实验内容选择

实验平台系统支持四门课程实验，分别为信号处理、数字通信（通信原理）、射频通信、移动通信。

（一）本地实验

在PC控制器上选择实验课程和实验内容。用鼠标选择实验课程［可选信号处理、数字通信（通信原理）、射频通信、移动通信］。如点击图标，屏幕弹出“实验类型”菜单，点击“实验类型”，出现实验目录，如图1-9。

数字通信（通信原理）实验单元	
信源编译码实验	信道编译码实验
二进制数字调制解调	多进制调制解调
基带实验	信道复用及同步实验
系统实验	返回

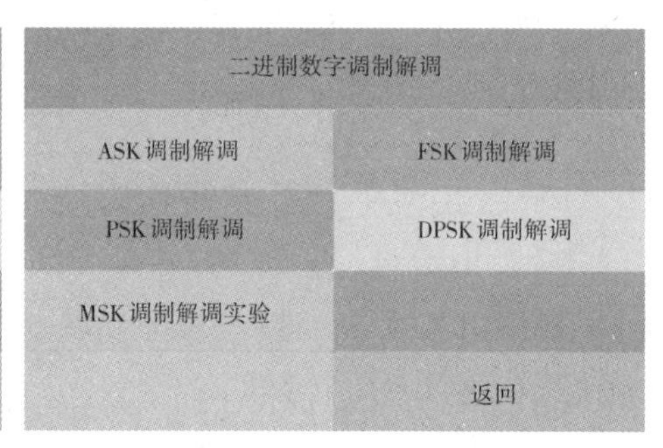

图1-9 “实验类型”菜单及实验目录

（1）各项参数设置：模拟信号波形、频率、幅值，基带信号码型与速率，载波频率等。如图1-10。

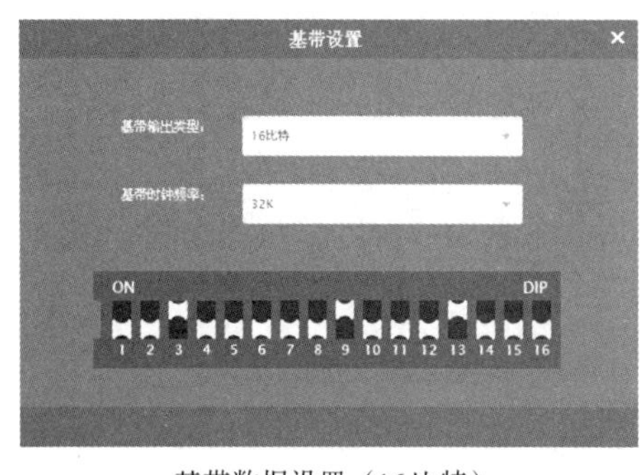

基带数据设置（16比特）

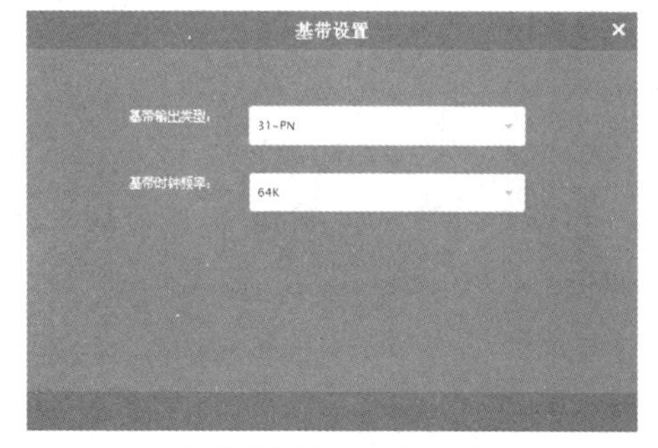

基带数据设置（随机码）

图1-10 参数设置

（2）波形测试：本地实验时，学生可以用外置示波器，按实验框图标注的测试点进行波形测量，也可用虚拟仪器测量。

（二）远程实验

（1）预约实验时间，管理服务器分配设备。

（2）登录浏览器，进入实验界面。

（3）选择实验课程和实验内容（方法同本地实验）。

（4）各项参数设置：模拟信号波形、频率、幅值，基带信号码型与速率，载波频率等。

（5）波形测试：远程实验时，用平台内嵌虚拟仪器进行各种测量。

三、实验操作方法

（1）选定实验内容后，嵌入式PC控制器液晶屏出现实验界面，界面左侧是与本实验相关的条目，如图1-11；学生可以点击相关条目了解实验目的、原理、任务、步骤等。

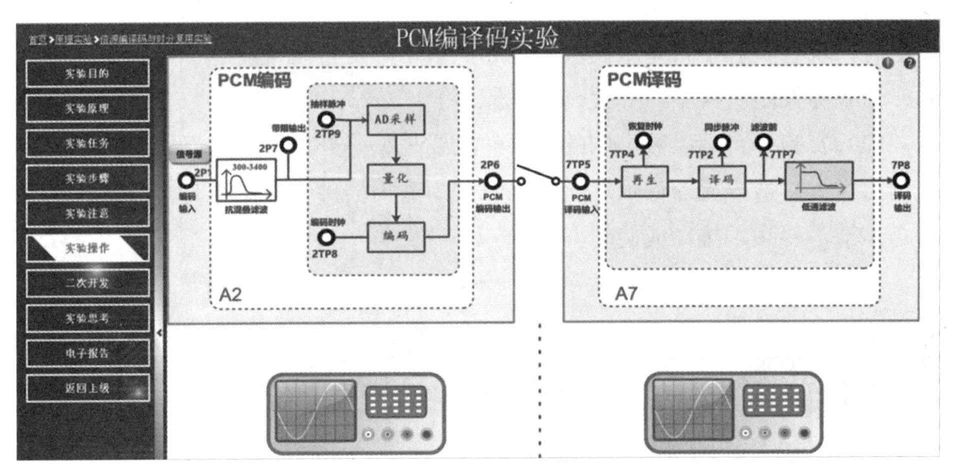

图1-11　实验界面

（2）每个框图标注：×P×和×TP×的点可以进行测试，即可以连接示波器。

（3）测试线连接：用鼠标单击示波器输入口，拖动鼠标至测试点，再单击测试点，测试线连接成功。

（4）波形测试：测试线连接好后，用鼠标双击示波器屏幕，稍后示波器显示被测信号测试点。

（5）拆线：用鼠标右键单击测试线，选择删除当前连线或所有连线。

四、教程说明

在实验中，每个模板均有测量点和对应的铆孔，测量点和对应的铆孔在电路板短接，信号相同；测量铆孔采用×P×的命名规则。其中，P前面的数字代表模板号，P后面的数字代表该铆孔在模板上的序号。例如，1P2和2P3分别对应模板1上的测量孔和模板2上的测量孔。

（1）实验中连线时，需要注意，连线铆孔分为输入孔和输出孔。要先确定每个铆孔的功能，原则上不能将两个输出孔连接在一起。

（2）实验中，对应的实验步骤选用示波器默认为双通道示波器，但实际中用四通道示波器会有更好的实验效果。

五、实验注意事项

（1）为实验箱加电前，要简单检查实验平台模块是否有明显的损坏现象；加电时，观察实验平台每个模块红色电源指示灯是否正常显示，如果指示灯闪烁，请立即关闭实验箱，并检查故障原因。

（2）实验平台上参数可调的元器件主要是编码开关，要小心使用，尽量避免用力过大，造成元器件损坏。编码开关为磨损器件，在使用时，应掌握使用技巧，请不要频繁按动或旋转。

第四节 二次开发简要说明

一、实验平台二次开发功能

实验平台在设计时，配备了便捷的二次开发功能。RZ9692实验平台可通过网络接口直接定向加载二次开发程序，即学生可在后台直接选定二次开发下载芯片，不需断电。不仅如此，实验平台每个模块均具备二次开发功能，因此在实验设计时，将二次开发作为常规实验内容进行设计，每次实验课均配备了二次开发相关的实验内容。

二、实验平台二次开发操作方法

（1）点击左侧“二次开发”条目，出现二次开发界面，如图1-12：

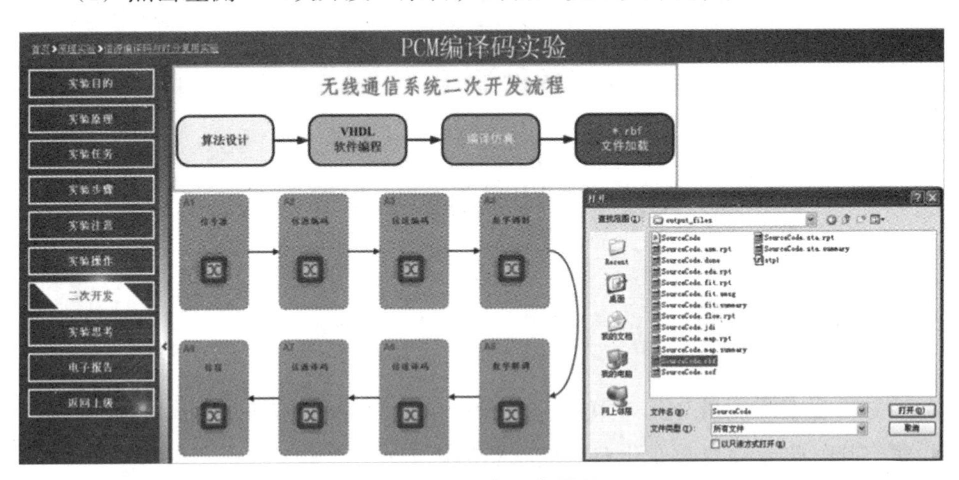

图1-12　二次开发界面

（2）8个模块中，A2～A7可二次开发，用鼠标双击模块符号，出现文件装载文件管理器，如图1-13：

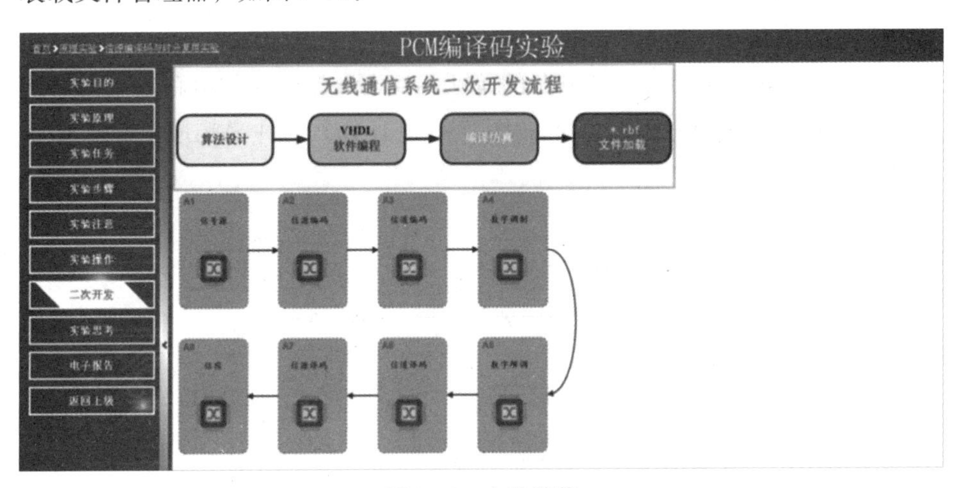

图1-13　文件装载

（3）选择已开发的算法文件*.rbf，点击“确认”键后，弹出装载成功通知。

（4）返回实验操作界面，双击示波器，弹出示波器操作面板和算法结果（波形），从测试波形判断开发算法是否正确。

（5）二次开发示波器测试线不用连接。

第二章

信号与线性系统实验

实验一　冲激响应与阶跃响应

一、实验目的

（1）观察和测量RLC串联电路的阶跃响应与冲激响应的波形和有关参数，并研究其电路元件参数变化对响应状态的影响；

（2）掌握有关信号时域的测量方法。

二、实验原理

如图2-1所示为RLC串联电路的阶跃响应与冲激响应的电路连接图，图2-1（a）为阶跃响应电路连接示意图；图2-1（b）为冲激响应电路连接示意图。

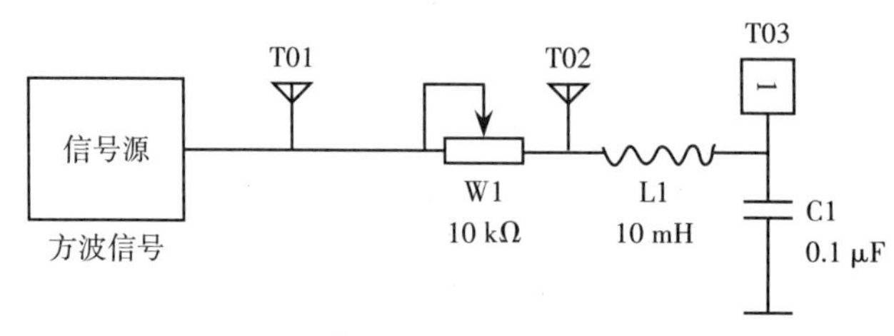

（a）阶跃响应电路连接示意图

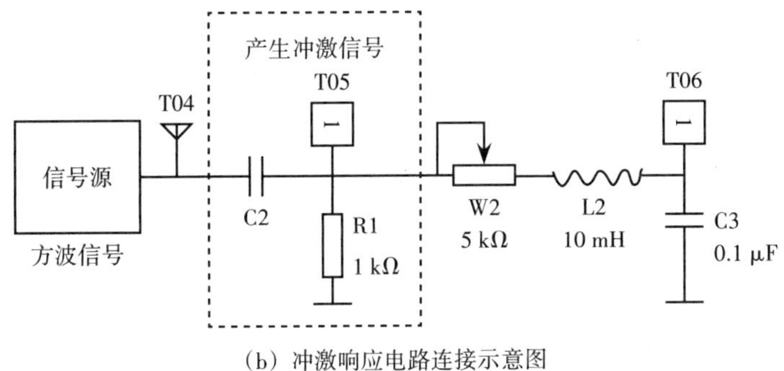

（b）冲激响应电路连接示意图

图2-1 RLC串联电路的阶跃响应与冲激响应的电路连接图

（一）响应状态

其响应有以下三种状态：

（1）当$R > 2\sqrt{L/C}$时，称为过阻尼状态。

（2）当$R = 2\sqrt{L/C}$时，称为临界阻尼状态。

（3）当$R < 2\sqrt{L/C}$时，称为欠阻尼状态。

（二）动态指标

现将阶跃响应的动态指标定义如下：

上升时间t_r：$y(t)$从0到第一次达到稳态值$y(\infty)$所需的时间。

峰值时间t_p：$y(t)$从0上升到y_{max}所需的时间。

调节时间t_s：$y(t)$的振荡包络线进入稳态值的±5%误差范围所需的时间。

最大超调量δ_p：$\delta_p = \dfrac{y_{max} - y(\infty)}{y(\infty)} \times 100\%$

冲激信号是阶跃信号的导数，所以对线性时不变电路冲激响应也是阶跃响应的导数。为了便于用示波器观察响应波形，实验中用周期方波代替阶跃信号。而用周期方波通过微分电路后得到的尖顶脉冲代替冲激信号。如图2-2所示。

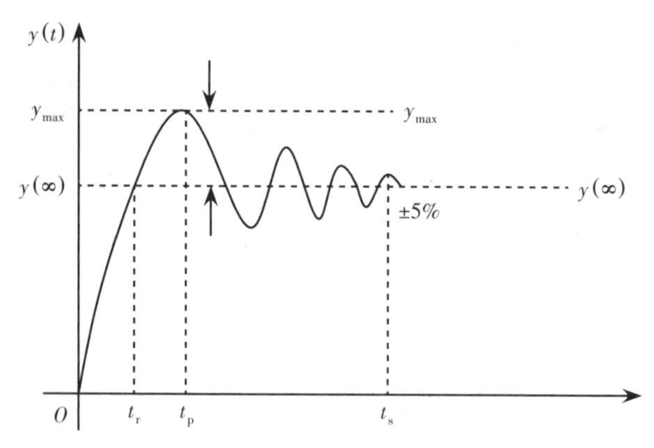

图 2-2　冲激响应动态指标示意图

（三）各模块测量点说明

（1）T01 为阶跃响应激励信号观测点。
（2）T03 为阶跃响应信号输出观测点。
（3）T05 为冲激响应激励信号观测点。
（4）T06 为冲激响应信号输出观测点。

三、实验任务

（1）阶跃信号的波形观察与参数测量。
（2）冲激响应的波形观察与参数测量。

四、实验内容及步骤

（一）阶跃响应波形观察与参数测量

设激励信号为方波，其幅度峰峰值为 1.5 V，频率为 500 Hz。
实验电路图如图 2-1（a）所示。
方波信号送入 RLC 串联电路。
调节信号源，使 DDS 输出频率为 500 Hz 的脉冲信号，幅度调节峰峰值为 1.5 V。

示波器 CH1 接于测量点 T03，调整电位器，使电路分别工作于欠阻尼、临界阻尼和过阻尼三种状态，并将实验数据填入表格 2-1 中。

表 2–1 参数测量数

参数测量	状态		
	欠阻尼状态	临界阻尼状态	过阻尼状态
参数测量	$R <$ $t_r =$ $t_s =$ $\delta =$	$R =$ $t_r =$	$R >$
波形观察			

注：描绘波形要使三种状态的X轴坐标（扫描时间）一致。

（二）冲激响应的波形观察

冲激信号是由阶跃信号经过微分电路而得到。激励信号为方波，其幅度峰峰值为1.5 V，频率为2 kHz。

实验电路如图2–1（b）所示。

将示波器的CH1接于测量点T05，观察经微分后响应波形（等效为冲激激励信号）。

将示波器的CH2接于测量点T06，调整电位器，使电路分别工作于欠阻尼、临界阻尼和过阻尼三种状态。

观察测量点T06三种状态波形，并填于表2–2中。

表 2–2 波形表

波形	状态		
	欠阻尼状态	临界阻尼状态	过阻尼状态
激励波形			
响应波形			

表2–2中的激励波形为在测量点T05观测到的波形（冲激激励信号）。

五、实验报告要求

（1）描绘同样时间轴阶跃响应与冲激响应的输入、输出电压波形时，要标明信号幅度A、周期T、方波脉宽$T1$以及微分电路的τ值。

（2）分析实验结果，说明电路参数变化对状态的影响。

六、思考题

（1）如果激励只有正冲激，分析系统的响应结果，在实验平台上验证结果。

（2）改变方波的幅度，分析幅度对实验结果是否有影响。

◉实验二　二阶电路的暂态响应

一、实验目的

观测RLC电路中元件参数对电路暂态的影响。

二、实验原理

（一）RLC电路的暂态响应

可用二阶微分方程来描绘的电路称为二阶电路。RLC电路就是其中一个例子。

由于RLC电路中包含有不同性质的储能元件，当受到激励后，电场储能与磁场储能将会相互转换，形成振荡。如果电路中存在着电阻，那么储能将不断地被电阻消耗，因而振荡是减幅的，称为阻尼振荡或衰减振荡。如果电阻较大，则储能在初次转移时，它的大部分就可能被电阻所消耗，不产生振荡。

因此，RLC电路的响应有三种情况：欠阻尼、临界阻尼、过阻尼。以RLC串联电路为例：

设$\omega_0 = \dfrac{1}{\sqrt{LC}}$为回路的谐振角频率，$\alpha = \dfrac{R}{2L}$为回路的衰减常数。当阶跃信

号 $u_s(t)=U_s(t\geqslant 0)$ 加在RLC串联电路输入端，其输出电压波形 $u_c(t)$，由下列公式表示。

（1）$\alpha^2<\omega_0^2$，即 $R<2\sqrt{L/C}$，电路处于欠阻尼状态，其响应是振荡性的。其衰减振荡的角频率 $\omega_d=\sqrt{\omega_0^2-\alpha^2}$。此时有：

$$u_c(t)=\left[1-\frac{\omega_0}{\omega_d}\cdot e^{-\alpha t}\cos\left(\omega_d t-\theta\right)\right]U_s,\ t\geqslant 0$$

其中，$\theta=\arctan\frac{\alpha}{\omega_d}$。

（2）$\alpha^2=\omega_0^2$，即 $R=2\sqrt{L/C}$，其电路响应处于临近振荡的状态，称为临界阻尼状态。

$$u_c(t)=\left[1-(1+\alpha t)e^{-\alpha t}\right]U_s,\ t\geqslant 0$$

（3）$\alpha^2>\omega_0^2$，即 $R>2\sqrt{L/C}$，响应为非振荡性的，称为过阻尼状态。

$$u_c(t)=\left[1-\frac{\omega_0}{\sqrt{\alpha^2-\omega_0^2}}e^{-\alpha t}\mathrm{sh}\left(\sqrt{\alpha^2-\omega_0^2}\,t+x\right)\right]U_s,\ t\geqslant 0$$

其中，$x=\arctan\sqrt{1-\left(\frac{\omega_0}{\alpha}\right)^2}$。

（二）矩形信号通过RLC串联电路

由于使用示波器观察周期性信号波形稳定而且易于调节，因而在实验中用周期性矩形信号作为输入信号，RLC串联电路响应的三种情况可用图2-3来表示。

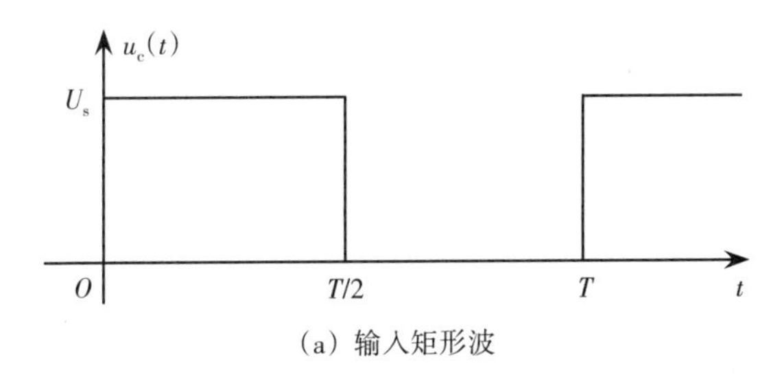

（a）输入矩形波

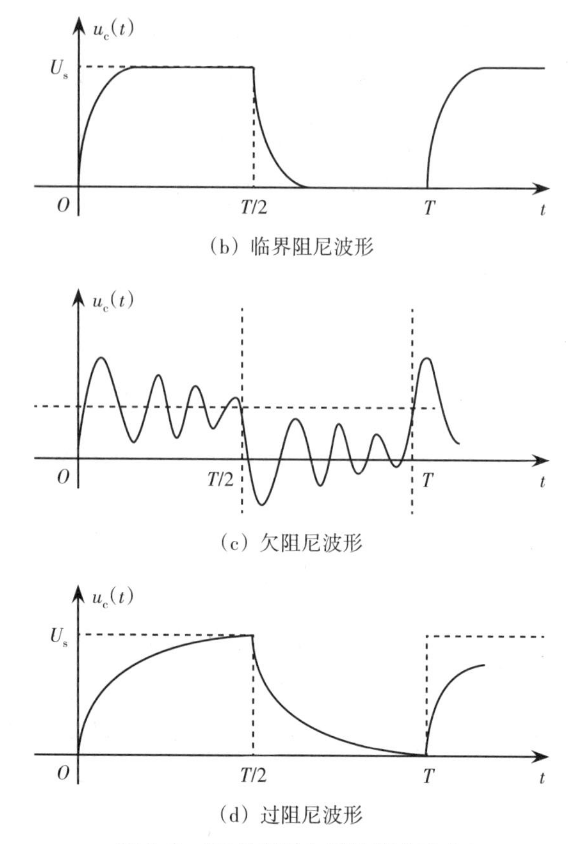

图 2-3　RLC 串联电路的暂态响应

三、实验内容及步骤

此实验电路可在二阶网络状态轨迹模块上实现。图 2-4 为 RLC 串联电路连接示意图，图 2-5 为实验电路图。

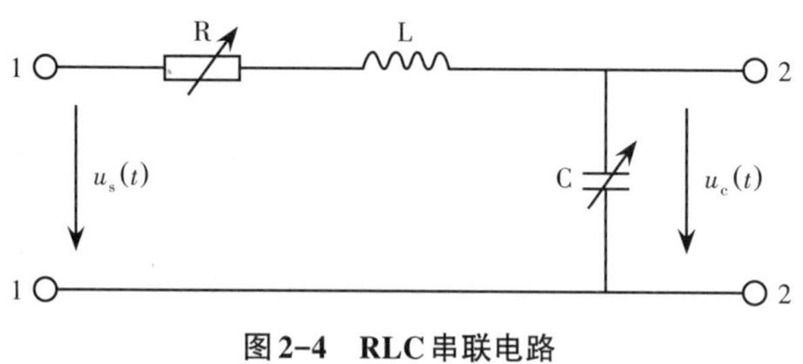

图 2-4　RLC 串联电路

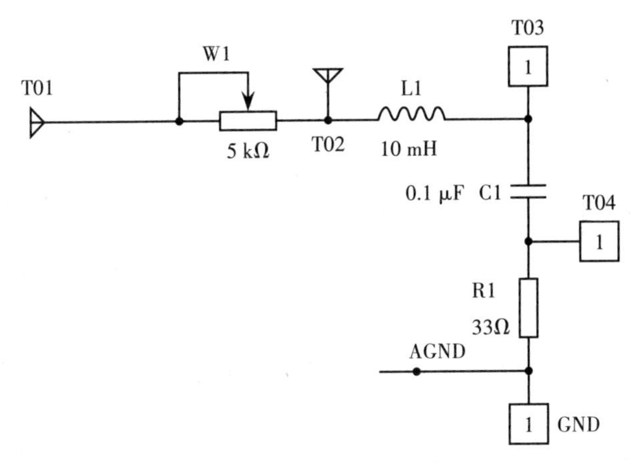

图2-5 二阶暂态响应实验电路图

（1）调节信号源，使DDS的输出频率为1.2 kHz，输出幅度峰峰值为2 V。

（2）将示波器接于T03上，观测输出的波形。

（3）调节W1的阻值为100 Ω，用示波器测量T03，并描绘其波形图。已知RLC串联电路中的电感L为10 mH，电容C为0.1 μF，将测量值与理论计算值进行比较。

（4）改变W1的阻值，由100 Ω逐步增大，观察T03波形变化的情况。

（5）分别记录下RLC串联电路振荡、临界、阻尼三种工作状态下的波形。

（6）记下临界阻尼状态时W1的阻值。

四、实验报告要求

描绘RLC串联电路振荡、临界、阻尼三种状态下的$u_c(t)$波形图，并将各实测数据列写成表，与理论计算值进行比较。

五、思考题

（1）分析理论临界电阻和实测临界电阻间产生误差的原因。

（2）改变方波的占空比和幅值，观察对实验是否有影响。

◉ 实验三　信号卷积实验

一、实验目的

（1）理解卷积的概念及物理意义。

（2）通过实验的方法加深对卷积运算的图解方法及结果的理解。

二、实验原理

卷积积分的物理意义是将信号分解为冲激信号之和，借助系统的冲激响应，求解系统对任意激励信号的零状态响应。设系统的激励信号为$x(t)$，冲激响应为$h(t)$，则系统的零状态响应为：

$$y(t)=x(t)*h(t)=\int_{-\infty}^{\infty}x(t)h(t-\tau)\mathrm{d}\tau$$

对于任意两个信号$f_1(t)$和$f_2(t)$，两者做卷积运算定义为：

$$f(t)=\int_{-\infty}^{\infty}f_1(t)f_2(t-\tau)\mathrm{d}\tau=f_1(t)*f_2(t)=f_2(t)*f_1(t)$$

（一）两个矩形脉冲信号的卷积过程

两个信号$x(t)$与$h(t)$都为矩形脉冲信号，如图2-6所示。下面由图解的方法给出两个信号的卷积过程和结果，以便与实验结果进行比较。

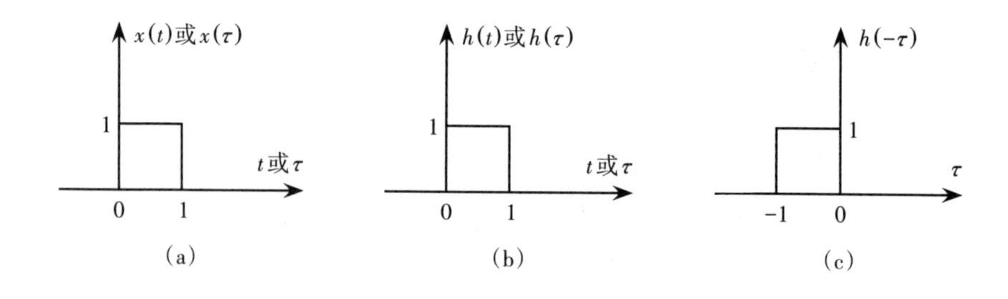

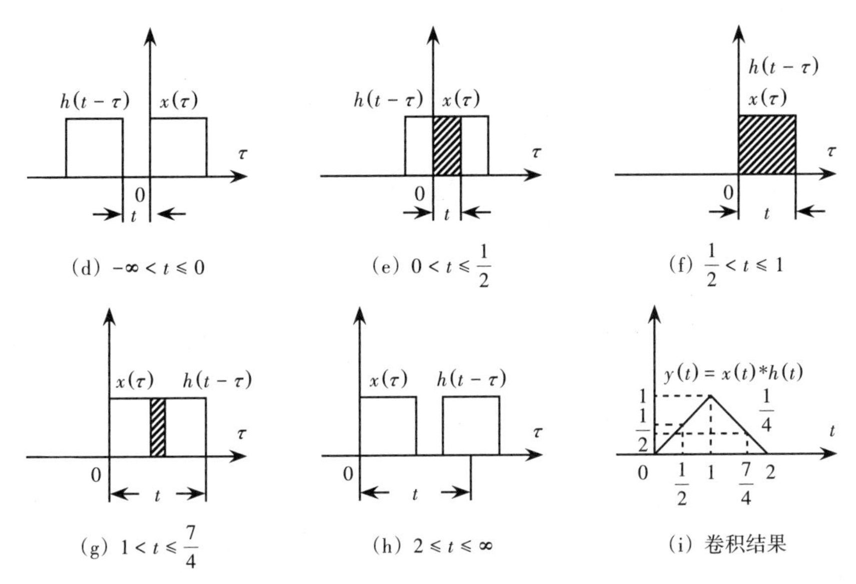

图 2-6　两矩形脉冲的卷积积分的运算过程与结果

（二）矩形脉冲信号与锯齿波信号的卷积

信号$f_1(t)$为矩形脉冲信号，$f_2(t)$为锯齿波信号，如图2-7（a）、（b）所示。根据卷积积分的运算方法得到$f_1(t)$和$f_2(t)$的卷积积分结果$f(t)$，如图2-7（c）所示。

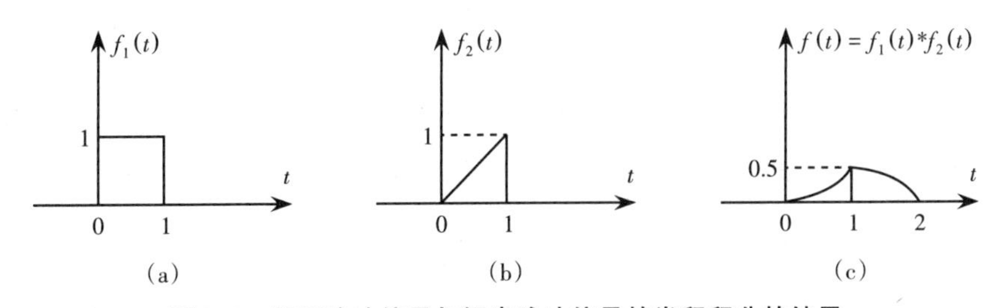

图 2-7　矩形脉冲信号与锯齿脉冲信号的卷积积分的结果

（三）本实验进行的卷积运算的实现方法

在本实验装置中采用了FPGA数字信号处理芯片，因此在处理模拟信号的卷积积分运算时，先通过A/D转换器把模拟信号转换为数字信号，再利用所编写的相应程序控制FPGA芯片实现数字信号的卷积运算，最后把运算结果通过D/A转换为模拟信号输出。结果与模拟信号的直接运算结果是一致的。数字信号处理系统逐步和完全取代模拟信号处理系统是科学技术发展的必然趋势。

图2-8为信号卷积的流程图。

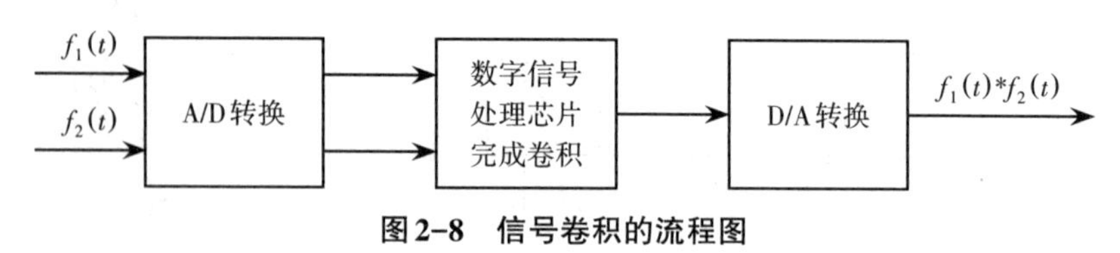

图2-8　信号卷积的流程图

三、实验内容及步骤

（一）矩形脉冲信号的自卷积

实验中完成将输入的矩形脉冲信号完成自卷积运算，并将卷积后的信号输出。

实验步骤：

（1）在实验列表中选择“信号卷积-自卷积”。

（2）调节信号源，使卷积信号为4 kHz方波，如果结果溢出，可以适当调小信号源幅度。

（3）将示波器的CH1接于2P1，CH2接于2P7，分别观察输入信号的$f_1(t)$的波形与卷积后的输出信号$f_1(t)*f_1'(t)$的波形。

（4）调节输出信号的频率，观测卷积后波形，记录到表2-3中。

（5）对比不同频率下，卷积后波形的差别，结合实际理解原因。

注意：为了便于观察，输入信号实际为无限长度的周期信号，但是这对自卷积来讲是不现实的，因此在实验中$f_1'(t)$其实只取了脉冲的一个周期长度。

表2-3　输入信号卷积后的输出信号

	输入信号$f_1(t)$	输出信号$f_1(t)*f_1'(t)$
脉冲频率 / Hz	2	
	4	
	8	

（二）信号与系统卷积

实验中完成将输入的矩形脉冲信号与系统的锯齿波信号完成卷积运算，并将卷积后信号输出。

实验步骤：

（1）在实验列表中双击选择“信号卷积-系统卷积实验”。

（2）调节信号源，使DDS输出频率为4 kHz的脉冲信号（用鼠标单击“卷积信号”框即可设置）。

（3）将示波器的CH1接于2P1，CH2接于2P7，分别观察系统冲击响应$f_2(t)$的波形与激励信号卷积后的输出信号$f_1(t)*f_2(t)$的波形；系统函数信号可用鼠标在图2-9下拉表中选择。

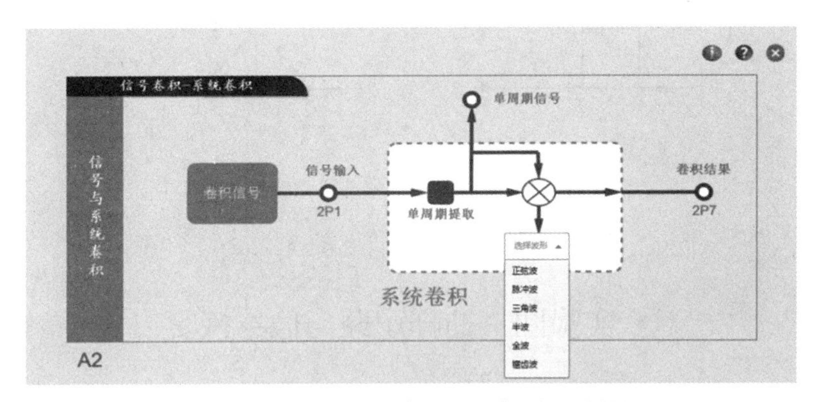

图2-9 信号卷积与系统卷积系统函数设置界面

（4）调节DDS输出信号的频率，观测卷积后的波形，记录到表2-4中；

（5）对比不同频率下卷积后波形的差别，结合实际理解原因。

表2-4 输入信号和卷积后的输出信号

激励信号	输入信号$f_1(t)$	$f_2(t)$锯齿波	输出信号$f_1(t)*f_2(t)$
脉冲频率 / Hz	2		
	4		
	8		

四、实验报告要求

（1）叙述信号与系统卷积的原理和过程。

（2）按要求记录各实验数据，填写表2-3。

（3）按要求记录各实验数据，填写表2-4。验证并画出系统函数是脉冲信号，激励信号，也是脉冲信号且频率分别为2，4 kHz时卷积输出波形。

五、思考题

用图解的方法给出图2-10中的两个信号的卷积过程。

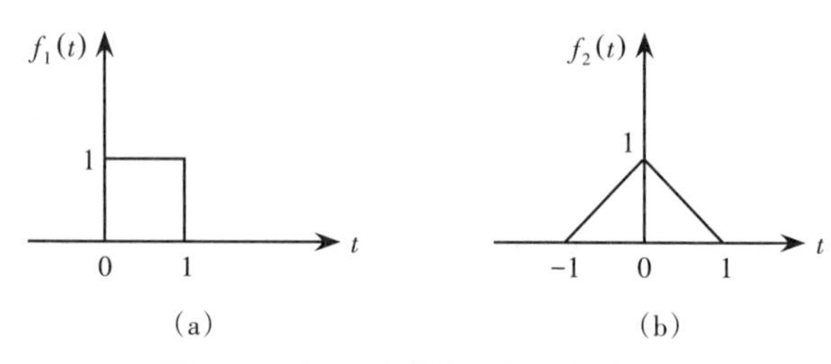

图2-10　矩形脉冲信号与三角波信号

◉ 实验四　抽样定理与信号恢复

一、实验目的

（1）掌握抽样定理原理，了解自然抽样、平顶抽样特性；
（2）理解抽样脉冲脉宽、频率对恢复信号的影响；
（3）理解恢复滤波器幅频特性对恢复信号的影响；
（4）了解混叠效应产生的原因。

二、实验原理

（一）抽样定理简介

抽样定理告诉我们：如果对某一带宽有限的时间连续信号（模拟信号）进行抽样，且抽样速率达到一定数值时，那么根据这些抽样值就能准确地还原原信号。这就是说，若要传输模拟信号，不一定要传输模拟信号本身，可以只传输按抽样定理得到的抽样值。

如图2-11，假设$m(t)$、$\delta_T(t)$和$m_s(t)$的频谱分别为$M(\omega)$、$\delta_T(\omega)$和$M_s(\omega)$。按照频率卷积定理，$m(t)\delta_T(t)$的傅里叶变换是$M(\omega)$和$\delta_T(\omega)$的卷积：

$$M_s(\omega)=\frac{1}{2\pi}\left[M(\omega)*\delta_T(\omega)\right]=\frac{1}{T}\sum_{n=-\infty}^{\infty}M\left(\omega-n\omega_s\right)$$

该式表明，已抽样信号$m_s(t)$的频谱$M_s(\omega)$是无穷多个间隔为ω_s的$M(\omega)$相叠加而成。

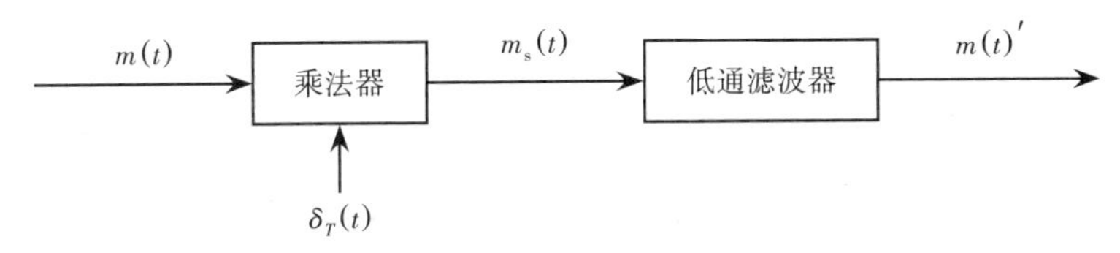

图2-11 信号的抽样与恢复

需要注意，若抽样间隔T变得大于$\frac{1}{2f_H}$，则$M(\omega)$和$\delta_T(\omega)$的卷积在相邻的周期内存在重叠（亦称混叠），因此不能由$M_s(\omega)$恢复$M(\omega)$。可见，$T=\frac{1}{2f_H}$是抽样的最大间隔，它被称为奈奎斯特间隔。图2-12是当抽样频率$f_s\geq 2B$时（不混叠）及当抽样频率$f_s<2B$时（混叠）两种情况下冲激抽样信号的频谱。

采用不同抽样频率时抽样信号及频谱如图2-12。

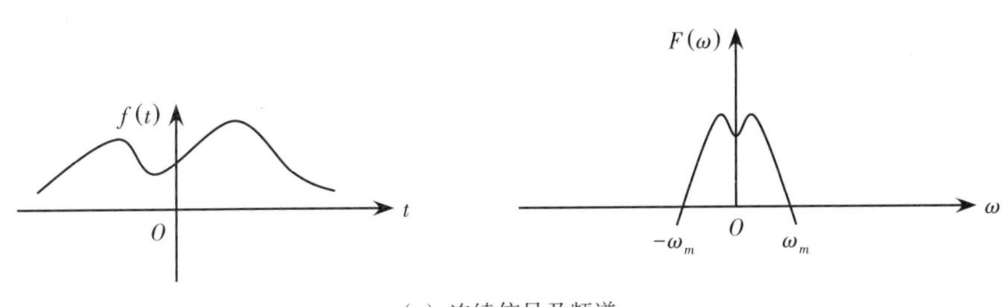

（a）连续信号及频谱

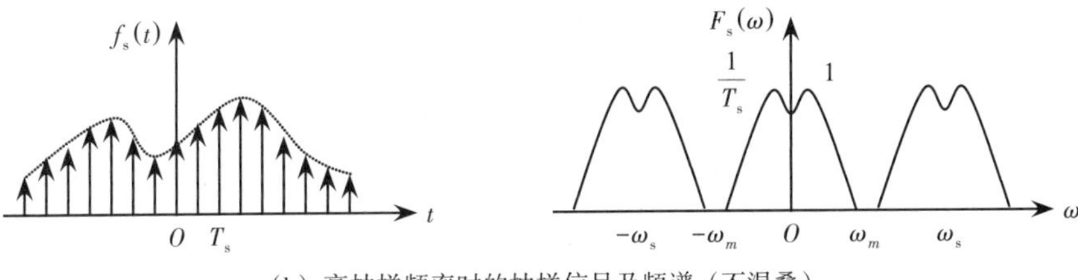

（b）高抽样频率时的抽样信号及频谱（不混叠）

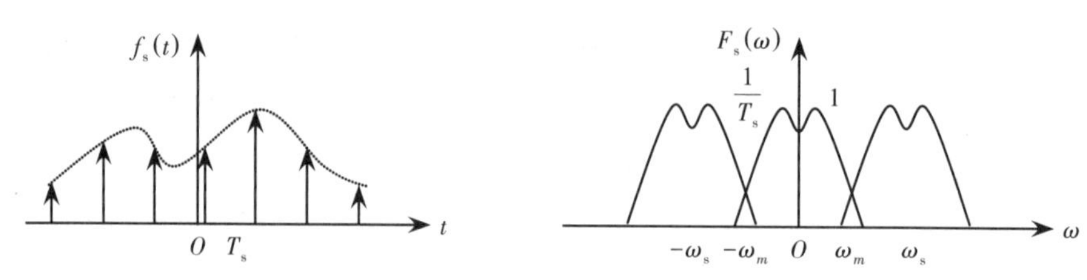

（c）低抽样频率时的抽样信号及频谱（混叠）

图2-12　采用不同抽样频率时抽样信号及频谱

（二）抽样定理实现方法

通常，按照基带信号改变脉冲参量（幅度、宽度和位置）的不同，把脉冲调制分为脉幅调制（PAM）、脉宽调制（PDM）和脉位调制（PPM）。虽然这三种信号在时间上都是离散的，但受调参量是连续的，因此也都属于模拟调制。关于PDM和PPM，国外在20世纪70年代的研究结果表明其实用性不强，而国内根本就没研究和使用过，所以这里我们就不做介绍。本实验平台仅介绍脉冲幅度调制，因为它是脉冲编码调制的基础。

抽样定理实验电路框图如图2-13所示。

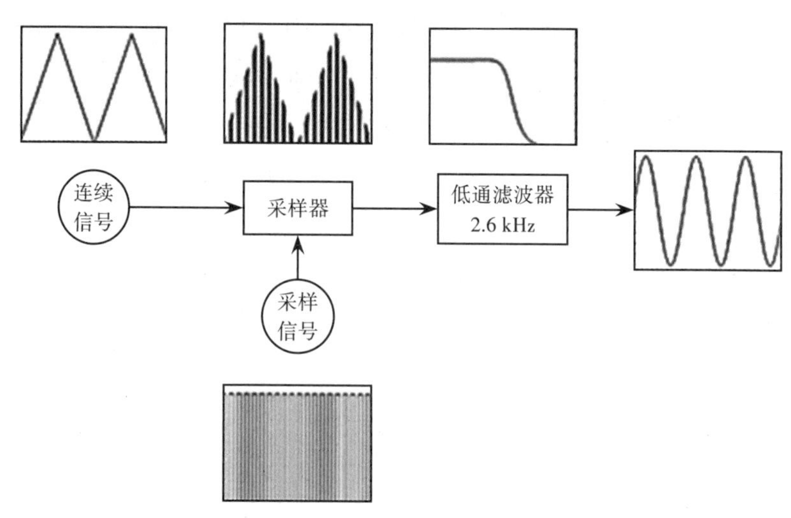

图2-13　抽样定理实验电路框图

强调说明：实际应用的抽样脉冲和信号恢复与理想情况有一定区别。理想抽样的抽样脉冲应该是冲击脉冲序列，在实际应用中，这是不可能实现的。因此一般是用高度有限、宽度较窄的窄脉冲代替。另外，实际应用中使信号恢复的滤波器不可能是理想的。当滤波器特性不是理想低通时，抽样频率不能等于被抽样信号频率的2倍，否则会使信号失真。考虑到实际滤波器的特性，抽样频率要求选得较高。由于PAM通信系统抗干扰能力差，目前很少使用。它已被性能良好的脉冲编码调制（PCM）所取代。

（三）自然抽样和平顶抽样

在一般的电路完成抽样算法时，分为三种形式：理想抽样，自然抽样和平顶抽样。理想抽样很难实现理想的效果，一般用自然抽样取代，自然抽样可以看作曲顶抽样，在抽样脉冲的时间内，抽样信号的“顶部”变化是随$m(t)$变化的，即在顶部保持了$m(t)$变化的规律。而对于平顶抽样，在每个抽样脉冲时间里，其“顶部”形状为平的。在实验中我们实现了自然抽样和平顶抽样。如图2-14所示。

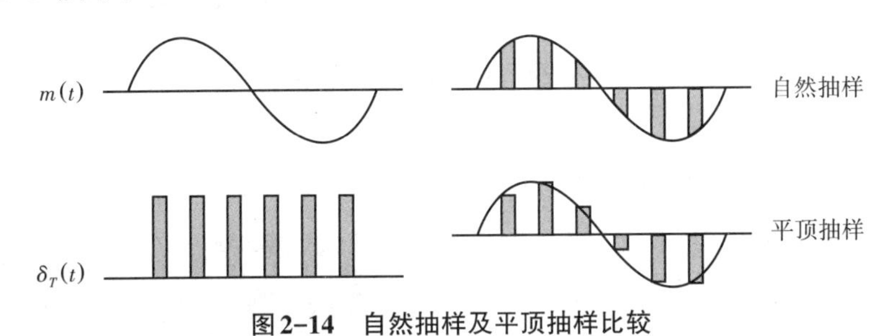

图2-14 自然抽样及平顶抽样比较

平顶抽样有利于解调后提高输出信号的电平，但却会引入信号频谱失真$\frac{\sin(\omega\tau/2)}{\omega\tau/2}$，$\tau$为抽样脉冲宽度。通常在实际设备里，收端必须采用频率响应为$\frac{\omega\tau/2}{\sin(\omega\tau/2)}$的滤波器来进行频谱校准，这种频谱失真称为孔径失真。

（四）电路实现

本实验平台模拟信号和抽样脉冲由信号源模块A1的STM32产生，信号波形、频率、幅度均可调节，抽样脉冲频率和占空比可调节。

抽样是由模块A2的STM32完成（AD采样），抽样信号从2P6输出。抽样恢复在模块A7完成，恢复滤波器由模块A7的FPGA用数字滤波器实现，恢复滤波器带宽可设置。

（五）电路框图

抽样定理实验框图如图2-15所示。

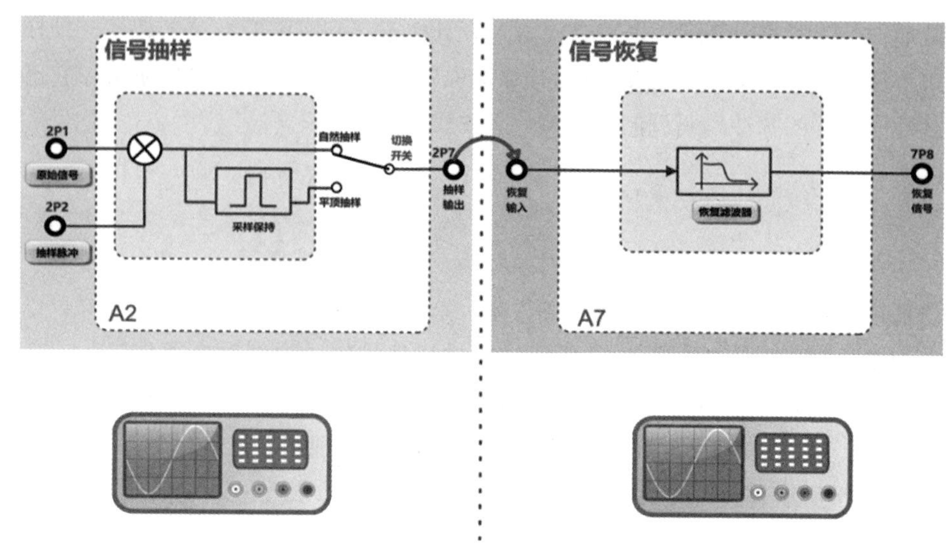

图 2-15　抽样定理实验框图

框图说明：

本实验中需要用到以下四个功能单元：

（1）信号源：用于选择模拟信号，点击框图“原始信号”按钮，出现虚拟信号源面板，信号源使用见虚拟仪器信号源模块部分；根据实验要求设定信号种类、信号频率、信号幅度。

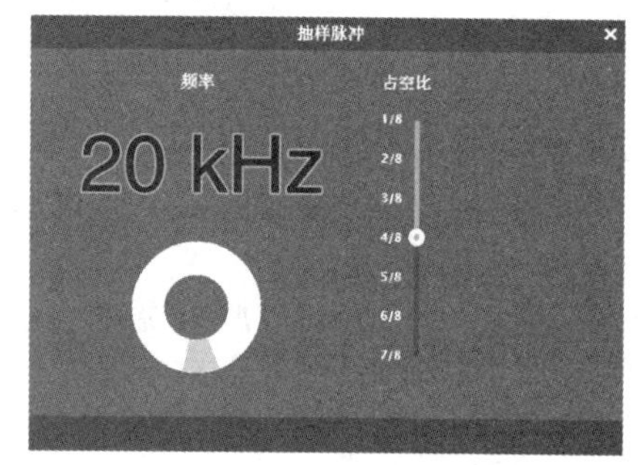

图 2-16　抽样脉冲

（2）抽样脉冲：用于选择抽样脉冲频率和占空比，点击框图“抽样脉冲”按钮，出现抽样脉冲设置面板，如图2-16所示，用鼠标可调节抽样频率和占空比。

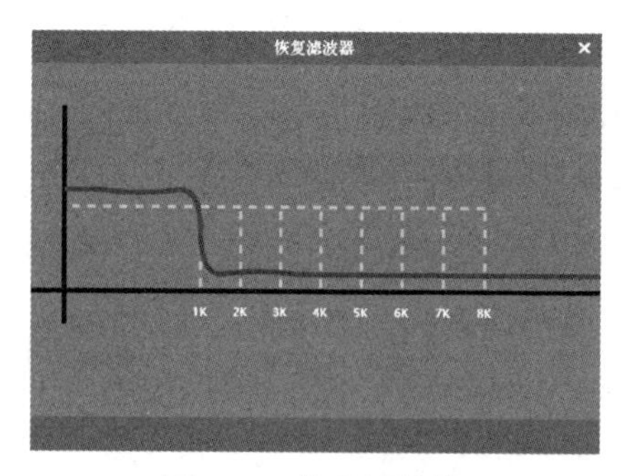

图 2-17　恢复滤波器

（3）抽样选择开关：用鼠标点击框图模块 A2“切换开关”可以选择自然抽样还是平顶抽样。

（4）恢复滤波器：模块 A7 恢复滤波器（低通）带宽可以设置，用鼠标点击框图模块 A7 恢复滤波器按钮，出现滤波器设置面板，如图 2-17 所示，用鼠标点击横轴频率值即可改变滤波器幅频特性。

（六）模块测量点说明

（1）A2模块：
① 2P1：原始模拟信号。
② 2P2：抽样脉冲信号。
③ 2P7：抽样输出信号。
（2）A7模块：7P8抽样恢复信号。

三、实验任务

（1）自然抽样验证：抽样时域信号观察、抽样频域信号观察、恢复信号观察。
（2）频谱混叠现象验证：通过改变模拟信号频率、抽样脉冲频率验证奈奎斯特定理。
（3）抽样脉冲占空比恢复信号影响。

四、实验内容及步骤

（一）实验准备

1. 加电
打开系统电源开关（先打开实验台右侧面开关、再打开左侧开关），通过液晶显示和模块运行指示灯状态，观察实验平台加电是否正常。若加电状态不正常，请立即关闭电源，查找异常原因。
2. 选择实验内容
使用鼠标在液晶屏上根据功能菜单选择：信号处理→抽样定理，进入抽样定理实验页面。
3. 信号线连接
使用信号连接线连接1P2和2P2（将抽样脉冲从A1模块连到A2模块）。

（二）自然抽样验证

1. 选择自然抽样功能
在实验框图上通过“切换开关”选择“自然抽样”功能。

2. 修改参数，进行测量

通过实验框图上的“原始信号”“抽样脉冲”按钮设置实验参数。例如：设置原始信号为：“正弦”，2 kHz，幅度为20；设置抽样脉冲：频率8 kHz，占空比4/8（50%）。

3. 抽样信号时域观测

用双通道示波器，在2P1可观测原始信号，在2P2可观测抽样脉冲信号，在2P7可观测PAM取样信号。

4. 抽样信号频域观测

使用示波器的FFT功能或频谱仪，分别观测2P1，2P2，2P7测量点的频谱（用通道1分别观测）。

5. 恢复信号观察

通过实验框图上的“恢复滤波器”按钮，设置恢复滤波器的截止频率为3 kHz（点击截止频率数字），在7P8观察经过恢复滤波器后，恢复信号的时域波形。

6. 改变参数，重新完成上述测量

修改模拟信号的频率及类型，修改抽样脉冲的频率，重复上述操作。

可以尝试表2-5所示组合，分析实验结果：

表2-5　模拟信号的频率及类型与抽样脉冲的频率

模拟信号	抽样脉冲 / kHz	恢复滤波器 / kHz	说明
2 kHz正弦波	3	2	1.5倍抽样脉冲
2 kHz正弦波	4	2	2倍抽样脉冲
2 kHz正弦波	8	2	4倍抽样脉冲
2 kHz正弦波	16	2	8倍抽样脉冲
1 kHz三角波	16	2	复杂信号恢复
1 kHz三角波	16	6	复杂信号恢复
（自己尝试设计某种组合进行扩展）			

（三）频谱混叠现象验证

1. 设置各信号参数

设置原始信号为：“正弦”，1 kHz，幅度为20；设置抽样脉冲：频率8 kHz，占空比4/8（50%）；恢复滤波器截止频率2 kHz。

2. 频谱混叠时域观察

使用示波器观测原始信号2P1，恢复后信号7P8。逐渐增加2P1原始信号频率：1，2，3，…，7，8 kHz；观察示波器测量波形的变化。当2P1为6 kHz时，记录恢复信号波形及频率；当2P1为7 kHz时，记录恢复信号波形及频率；记录2P1为不同情况下，信号的波形，并分析原因，其是否发生频谱混叠。

3. 频谱混叠频域观察

使用示波器的FFT功能或频谱仪观测抽样后信号2P7，重新完成上述操作。观察在逐渐增加2P1原始信号频率时，抽样信号的频谱变化，分析其在什么情况下发生混叠。

4. 频谱混叠扩展

根据自己的理解，尝试验证其他情况下发生频谱混叠的情况。例如：修改原始信号为三角波，验证频谱混叠。

（四）抽样脉冲占空比恢复信号影响

1. 设置各信号参数

设置原始信号为："正弦"，1 kHz，幅度为20；设置抽样脉冲：频率8 kHz，占空比4/8（50%）；恢复滤波器截止频率2 kHz。

2. 修改抽样脉冲占空比

使用示波器观测原始信号2P1，恢复后信号7P8。点击"抽样脉冲"按钮，逐渐修改抽样脉冲占空比，为1/8，2/8，…，7/8（主要观测1/2，1/4，1/8三种情况）。在修改占空比过程中，观察7P8恢复信号的幅度变化，并记录波形。分析占空比对抽样定理有什么影响。

（五）平顶抽样验证

1. 修改参数进行测量

通过实验框图上的"原始信号""抽样脉冲"按钮，设置实验参数。例如：设置原始信号为："正弦"，1 kHz，幅度为20；设置抽样脉冲：频率8 kHz，占空比4/8（50%）。

2. 对比自然抽样和平顶抽样频谱

使用示波器的FFT功能或频谱仪观测抽样后信号2P7。在实验框图上通过"切换开关"，选择到"自然抽样"功能，观察并记录其频谱；切换到"平顶抽样"，观察并记录其频谱。分析自然抽样和平顶抽样后，频谱有什么区别。结合理论分析其原因。

（六）实验结束

关闭电源：先关闭控制器PC机，再关闭左侧开关，最后关闭右侧面开关（右侧面开关为总电源），整理实验台，并按要求放置好实验附件和实验模块。

五、实验报告要求

（1）简述抽样定理验证电路的工作原理。

（2）记录在各种测试条件下的测试数据，分析测试点的波形、频率、电压等各项测试数据并验证抽样定理。

（3）分析表2-5中恢复信号的成因。

（4）对上述1.5 kHz三角波抽样，分析应选用哪种带宽的恢复滤波器和抽样频率？为什么？

六、思考题

（1）平顶抽样和自然抽样有何区别？什么是孔径失真？怎么消除？

（2）了解带通抽样定理，思考带通抽样定理和频谱混叠关系。

⦿ 实验五　矩形脉冲信号的分解

一、实验目的

（1）掌握矩形脉冲信号时域特性及矩形脉冲信号谐波分量的构成；

（2）验证组成矩形脉冲简单信号的存在；

（3）验证谐波的齐次、离散、收敛特性。

二、实验原理

（一）信号的频谱与测量

信号的时域特性和频域特性是对信号的两种不同的描述方式。对于一个时域的周期信号$f(t)$，只要满足狄利克莱（Dirichlet）条件，就可以将其展开成三角形式或指数形式的傅里叶级数。

例如，对于一个周期为T的时域周期信号$f(t)$，可以用三角形式的傅里叶级数求出它的各次分量，在区间$\left(t_1,\ t_1+T\right)$内表示为：

$$f(t)=a_0+\sum_{n=1}^{\infty}\left(a_n\cos n\Omega t+b_n\sin n\Omega t\right)$$

即将信号分解成直流分量及许多余弦分量和正弦分量，研究其频谱分布情况。

信号的时域特性与频域特性之间有着密切的内在联系，这种联系可以用图2-18来形象地表示。其中，图2-18（a）是信号在幅度时间频率三维坐标系统中的图形；图2-18（b）是信号在幅度时间坐标系统中的图形即波形图；把周期信号分解得到的各次谐波分量按频率的高低排列，就可以得到频谱图。反映各频率分量幅度的频谱称为振幅频谱。图2-18（c）是信号在幅度频率坐标系统中的图形即振幅频谱图。反映各分量相位的频谱称为相位频谱。在本实验中只研究信号振幅频谱。周期信号的振幅频谱有三个性质：离散性、谐波性、收

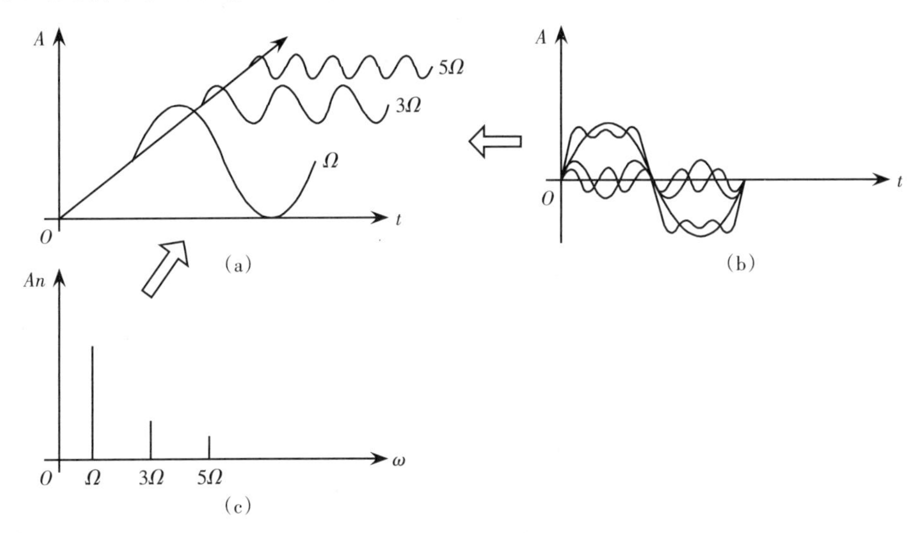

图2-18　信号的时域特性和频域特性

敛性。测量时利用了这些性质。从振幅频谱图上，可以直观地看出各频率分量所占的比重。测量方法有同时分析法和顺序分析法。这里以同时分析法为例进行介绍。

同时分析法的基本工作原理是利用多个滤波器同时取出复杂信号中的各次谐波，滤波器的中心频率分别设置在各次谐波上。实验平台基于数字信号处理技术，在FPGA中同时设计了8个滤波器，如图2-19所示。

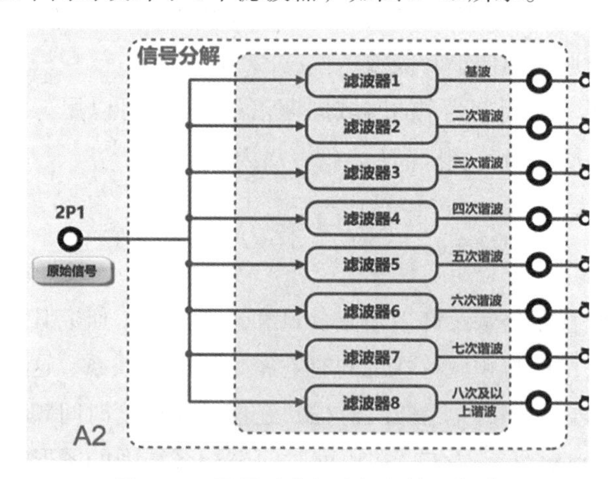

图2-19　用同时分析法解析信号频谱

（二）矩形脉冲信号的频谱

一个幅度为E，脉冲宽度为τ，重复周期为T的矩形脉冲信号，如图2-20所示。

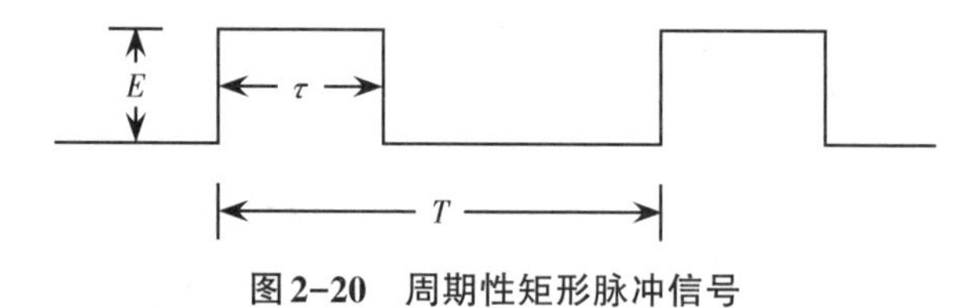

图2-20　周期性矩形脉冲信号

其傅里叶级数为：

$$f(t)=\frac{E(t)}{T}+\frac{2E\tau}{T}\sum_{i=1}^{n}\mathrm{Sa}\left(\frac{n\pi\tau}{T}\right)\cos n\omega t$$

该信号第n次谐波的振幅为：

$$a_n=\frac{2E\tau}{T}\mathrm{Sa}\left(\frac{n\tau\pi}{T}\right)=\frac{2E\tau}{T}\frac{\sin(n\tau\pi/T)}{n\tau\pi/T}$$

由上式可见，第n次谐波的振幅与E，T，t有关。

（三）信号的分解提取

对复杂信号进行分解或谐波提取是滤波系统的一项基本任务。当仅对信号的某些分量感兴趣时，可以利用选频滤波器，提取其中有用的部分，而将其他部分滤去。

目前，数字滤波器已基本取代了传统的模拟滤波器，数字滤波器与模拟滤波器相比具有许多优点。数字滤波器具有灵活性高、精度高和稳定性高，体积小、性能高，便于实现等优点。因此在这里选用了数字滤波器来实现信号的分解。

实验平台的“数字信号与语音信号处理模块”上，设计了8个滤波器（1个低通、6个带通、1个高通），可以同时提取基波，3次谐波，……，7次谐波、8次及以上的频率分量。

分解输出的8路信号可以用示波器观察。

三、实验内容及步骤

（1）在实验列表中选择“信号的合成与分解”实验。

（2）调节信号源，使DDS输出频率为4 kHz。

（3）示波器可分别在各个谐波输出上观测信号各次谐波的波形。

（4）根据表2-6中给定的数值进行实验，并记录实验获得的数据，填入表中。

表2-6　矩形脉冲信号的频谱

谐波频率 / kHz		$1f$	$2f$	$3f$	$4f$	$5f$	$6f$	$7f$	$8f$及以上
测量值	电压有效值								—
	电压峰值								—

四、实验报告要求

（1）描绘三种被测信号的振幅频谱图。

（2）总结谐波特性。

五、思考题

（1）矩形脉冲信号在哪些谐波分量上幅度为零？为什么？画出频率为5 kHz

的矩形脉冲信号的频谱图。

（2）要提取一个频率为8 kHz的矩形脉冲信号的基波和二次、三次谐波、四次及以上的高次谐波，你会选用几个什么类型（低通？带通？……）的滤波器？各滤波器的参数怎么设置？

◉ 实验六　矩形脉冲信号的合成

一、实验目的

（1）理解各次谐波在合成信号中的作用；

（2）进一步掌握用傅里叶级数进行谐波分析的方法；

（3）观察矩形脉冲信号分解出的各谐波分量通过叠加合成原矩形脉冲信号。

二、实验原理

实验原理部分参考实验五，矩形脉冲信号的分解实验。

矩形脉冲信号通过8路滤波器输出的各次谐波分量可通过一个加法器，合成还原为原输入的矩形脉冲信号，合成后的波形可以用示波器在观测点2P7进行观测。如果滤波器设计正确，则分解前的原始信号（观测2P1）和合成后的信号应该相同。信号波形的合成电路图如图2-21所示。

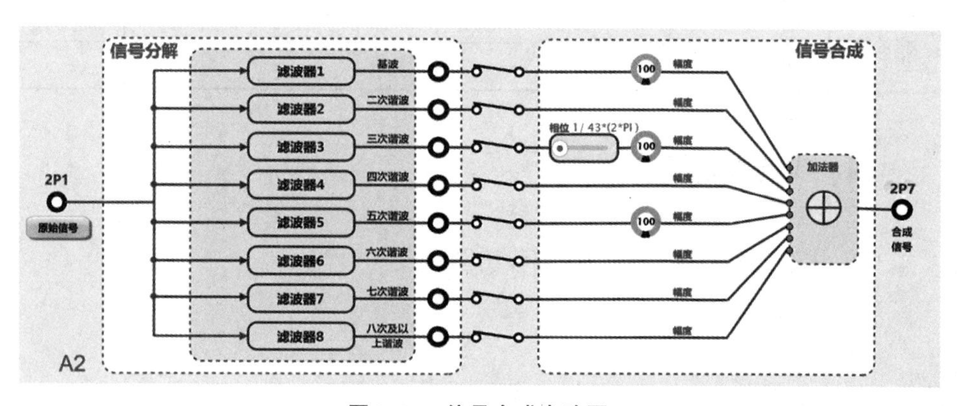

图2-21　信号合成电路图

三、实验内容及步骤

本实验为第二部分实验五的延续。

（1）在实验列表中选择“信号的合成与分解”实验。

（2）调节信号源，使DDS输出频率为4 kHz的脉冲信号。

（3）示波器可分别观测信号各次谐波的波形。

（4）通过界面上的开关，分别尝试不同的连接方式（如基波和三次谐波合成），用示波器测量2P7，并将2P7的波形记录在表2-7中。

（5）按表2-7的要求，在输出端观察和记录合成结果。

表2-7　矩形脉冲信号的各次谐波之间的合成

波形合成要求	合成后的波形
基波与三次谐波合成	
三次与五次谐波合成	
基波与五次谐波合成	
基波、三次与五次谐波合成	
基波、二、三、四、五、六、七次、八次及以上高次谐波的合成	
没有二次谐波的其他谐波合成	
没有五次谐波的其他谐波合成	
没有八次及以上高次谐波的其他谐波合成	

四、实验报告要求

（1）根据示波器上的显示结果，画图填写表2-7。

（2）以矩形脉冲信号为例，总结周期信号的分解与合成原理。

五、思考题

（1）方波信号在哪些谐波分量上幅度为零？请画出信号频率为2 kHz的方

波信号的频谱图。

（2）要完整地恢复出原始矩形脉冲信号，各次谐波幅度要成什么样的比例关系？

◎实验七　谐波幅度对波形合成的影响

一、实验目的

（1）理解谐波幅度对波形合成的作用；

（2）进一步加深理解时域周期信号的各频率分量在振幅频谱图上所占的比重。

二、实验原理

（一）矩形脉冲信号的频谱

一个幅度为E，脉冲宽度为τ，重复周期为T的矩形脉冲信号，如图2-22所示。

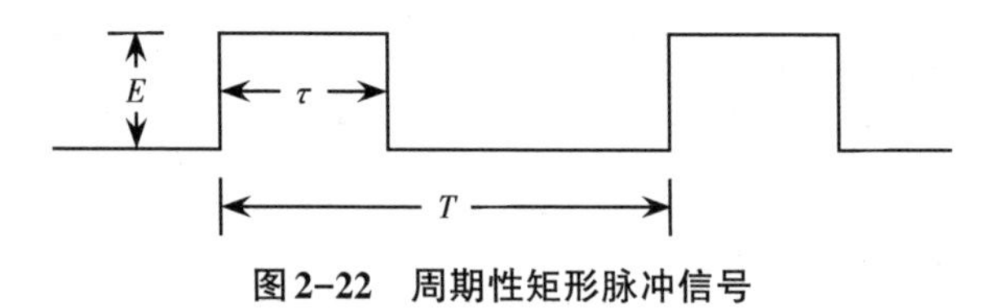

图2-22　周期性矩形脉冲信号

其傅里叶级数为：

$$f(t)=\frac{E\tau}{T}+\frac{2E\tau}{T}\sum_{i=1}^{n}\mathrm{Sa}\left(\frac{n\pi\tau}{T}\right)\cos n\omega t$$

该信号第n次谐波的振幅为：

$$a_n=\frac{2E\tau}{T}\mathrm{Sa}\left(\frac{n\tau\pi}{T}\right)$$

$$=\frac{2E\tau}{T}\frac{\sin(n\tau\pi/T)}{n\tau\pi/T}$$

由上式可见，第n次谐波的振幅与E，T，τ有关，在矩形脉冲信号的E，T，τ决定后，各次谐波的幅度就决定了。

（二）方波信号的振幅频谱图

$\frac{\tau}{T}=1/2$的矩形脉冲信号就是方波信号，若基波（即一次谐波）的振幅归一化为1。根据上式可得到它的各次谐波的振幅（归一化值），见表2-8。

表2-8　方波的振幅频谱表

谐波	振幅
一次	1
二次	0
三次	1/3
四次	0
五次	1/5
六次	0
七次	1/7
八次	0
⋮	⋮

三、实验内容及步骤

（1）在实验列表中选择“信号的合成与分解”实验。

（2）调节信号源，使DDS输出频率为4 kHz的脉冲信号。

（3）示波器可分别观测信号各次谐波的波形。

（4）选择一、三、五次谐波中的一路，改变输出谐波的信号幅度。将各次谐波信号连接到信号合成端，进行波形的合成，在2P7观察合成的波形是否为方波信号。分别按表2-9至表2-15，调整各谐波幅值，观察并记录合成后的波形。

表 2-9　各谐波振幅频谱表（1）

谐波	振幅	合成后的波形
一次	1/2	
二次	0	
三次	1/3	
四次	0	
五次	1/5	
六次	0	
七次	直接输出	
八次及以上	直接输出	

表 2-10　各谐波振幅频谱表（2）

谐波	振幅	合成后的波形
一次	1	
二次	0	
三次	1/5	
四次	0	
五次	1/5	
六次	0	
七次	直接输出	
八次及以上	直接输出	

表 2-11　各谐波振幅频谱表（3）

谐波	振幅	合成后的波形
一次	1	
二次	0	
三次	1/2	
四次	0	
五次	1/5	

表2-11（续）

谐波	振幅	合成后的波形
六次	0	
七次	直接输出	
八次及以上	直接输出	

表 2-12　各谐波振幅频谱表（4）

谐波	振幅	合成后的波形
一次	1	
二次	0	
三次	1/3	
四次	0	
五次	1/2	
六次	0	
七次	直接输出	
八次及以上	直接输出	

表 2-13　各谐波振幅频谱表（5）

谐波	振幅	合成后的波形
一次	1	
二次	0	
三次	1/3	
四次	0	
五次	1/10	
六次	0	
七次	直接输出	
八次及以上	直接输出	

表 2-14　各谐波振幅频谱表（6）

谐波	振幅	合成后的波形
一次	1	
二次	0	
三次	1/2	
四次	0	
五次	1/2	
六次	0	
七次	直接输出	
八次及以上	直接输出	

表 2-15　各谐波振幅频谱表（7）

谐波	振幅	合成后的波形
一次	1	
二次	0	
三次	1/3	
四次	0	
五次	1/5	
六次	0	
七次	直接输出	
八次及以上	直接输出	

注：表中标的分数是对基波而言的，如 1/3 是指这次谐波幅度是基波的 1/3。

四、实验报告要求

认真填写表 2-9 至表 2-15，可根据教学情况从中选择进行实验。

◉ 实验八　相位对波形合成的影响

一、实验目的

（1）理解相位对波形合成中的影响；
（2）掌握各次谐波间的相位关系。

二、实验原理

在对周期性的复杂信号进行级数展开时，各次谐波间的幅值和相位是有一定关系的，只有满足这一关系时，各次谐波的合成才能恢复出原来的信号，否则就无法合成原始的波形；幅度对合成波形的影响前面已讨论过，本实验讨论谐波相位对信号合成的影响。

本实验中的波形分解是通过数字滤波器来实现的。数字滤波器的实现有FIR（有限长滤波器）与IIR（无限长滤波器）两种，其中，由FIR实现的各次谐波的数字滤波器在阶数相同的情况下，能保证各次谐波的线性相位，而由IIR实现的数字滤波器，输出为非线性相位。本实验系统中的数字滤波器是由FIR实现的，因此在波形合成时不存在相位的影响，只要各次谐波的幅度调节正确即可合成原始的输入波形；若把数字滤波器的实现改为IIR，或者仍然是FIR但某次谐波的数字滤波器阶数有别于其他数字滤波器阶数，则各次谐波相位间的线性关系就不能成立，这样即使各次谐波的幅度关系正确也无法合成原始的输入波形。

三、实验内容及步骤

在本实验中，可以人为改变三次谐波相位，从而可观察谐波相位对波形合成的影响。如图2-23所示。

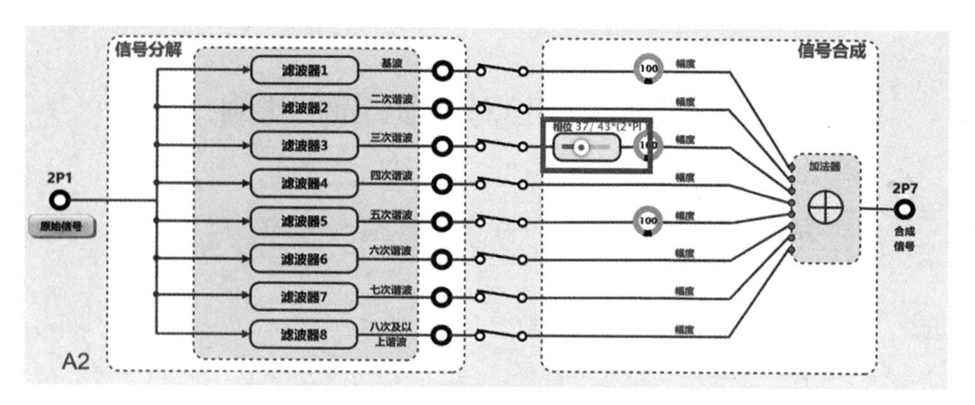

图2-23　谐波相位调节

（1）在实验列表中选择“信号的合成与分解”实验。

（2）调节信号源，使DDS输出频率为4 kHz的脉冲信号。

（3）示波器可分别观测信号各次谐波的波形。

（4）改变三次谐波的相位，用示波器观察基波和三次谐波的相位关系。

（5）将基波和三次谐波加入信号合成部分，观察合成之后的波形。

（6）分别将各次谐波加入合成电路，观测各次谐波对合成信号的影响。

第三章 通信原理实验

第一节 信源、信道编译码实验

一、信源编译码介绍

信源编码是指把信源发出的模拟信号转换成以二进制为代表的数字式信息序列，完成模拟信号数字化。有时为了使传输更有效，把与传输内容无关的冗余信息去掉，完成信源的数据压缩。

信源译码为信源编码的逆过程，即将以二进制为代表的数字信息恢复成模拟信号的过程。

模拟信号数字化的方法有很多种：脉冲编码调制（pulse code modulation，PCM）、增量调制（delta modulation，DM或ΔM）、差分脉冲编码调制（DPCM）等。脉冲编码调制（PCM），其过程为抽样、量化、编码等，使已调波不但在时间上是离散的，且在幅度变化上用数字来体现，这便是模拟信号数字化。

信源编译码包含以下实验内容：

（1）PAM调制与抽样定理实验（本部分教程未选）。

（2）PCM编译码实验。

（3）增量调制（CVSD）编译码验证。

二、信道及信道编译码介绍

信道就是信息传输通道，在实际信道上传输数字信号时，由于信道特性不理想及噪声的影响，所收到的数字信号不可避免地会发生错误。为了在已知信噪比的情况下达到一定的误比特率指标，首先应合理设计基带信号，选择调制解调方式，采用频域均衡和时域均衡使误比特率尽可能地降低。但若误比特率仍不能满足要求，还需要采用差错控制编码，将误比特率进一步降低，以满足指标要求。

信道编码的实质是在信息码中增加一定数量的多余码元（称为监督码元），使它们满足一定的约束关系，这样，由信息码元和监督码元共同组成一个由信道传输的码字。一旦传输过程中发生错误，则信息码元和监督码元间的约束关系被破坏。在接收端按照既定的规则校验这种约束关系，从而达到发现和纠正错误的目的。

信息通过信道传输，由于物理介质的干扰和无法避免的噪声，信道的输入和输出之间仅具有统计意义上的关系，在做出唯一判决的情况下将无法避免差错，其差错概率完全取决于信道特性。因此，一个完整、实用的通信系统通常包括信道编译码模块。现代通信中，信号在传输前都会经过压缩，传输错误会对最后的信号恢复产生极大的影响，因此信道编码尤为重要。

信道编码的作用：一是增加纠错能力，使得即便出现差错也能得到纠正；二是使码流的频谱特性适应通道的频谱特性，从而使传输过程中能量损失最小，提高信号能量与噪声能量的比例，减小发生差错的可能性。

信道编译码部分包含以下实验内容：

（1）汉明编译码实验（本教程未选）。

（2）卷积编译码实验。

（3）循环编译码实验。

（4）交织编译码实验（本教程未选）。

◉ 实验九　PCM编译码

一、实验目的

（1）理解PCM编译码原理及PCM编译码性能；

（2）熟悉PCM编译码专用集成芯片的功能和使用方法及各种时钟间的关系；

（3）熟悉语音数字化技术的主要指标及测量方法。

二、实验原理

（一）抽样信号的量化原理

模拟信号抽样后变成在时间离散的信号后，必须经过量化才成为数字信号。

模拟信号的量化分为均匀量化和非均匀量化两种。

把输入模拟信号的取值域按等距离分割的量化称为均匀量化，每个量化区间的量化电平均取在各区间的中点，如图3-1所示，纵轴为归一化电平。

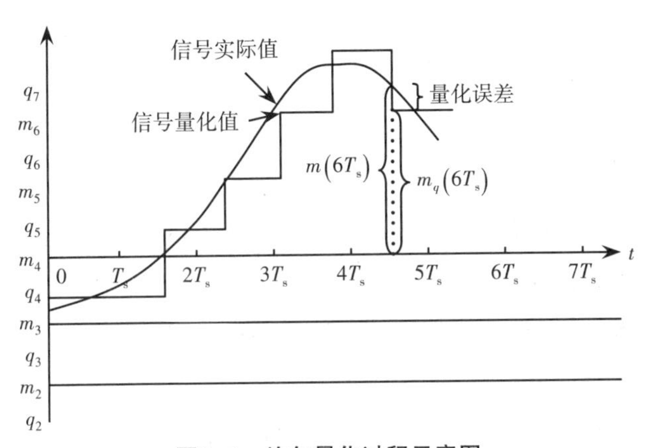

图3-1 均匀量化过程示意图

均匀量化的主要缺点是无论抽样值大小如何，量化噪声的均方根值都固定不变。因此，当信号$m(t)$较小时，则信号量化噪声功率比也很小。这样，对于弱信号时的量化信噪比就难以达到给定的要求。通常把满足信噪比要求的输入信号取值范围定义为动态范围，那么，均匀量化时的信号动态范围将受到较大的限制。为了克服这个缺点，实际中往往采用非均匀量化的方法。

非均匀量化是根据信号的不同区间来确定量化间隔的。对于信号取值小的区间，其量化间隔ΔV也小；反之，量化间隔就大。非均匀量化与均匀量化相比，有两个突出的优点：当输入量化器的信号具有非均匀分布的概率密度（实际中往往是这样）时，非均匀量化器的输出端可以得到较高的平均信号量化噪声功率比；非均匀量化时，量化噪声功率的均方根值基本上与信号抽样值成比例，因此量化噪声对大、小信号的影响大致相同，即改善了小信号时的信噪比。

非均匀量化的实际过程通常是将抽样值压缩后再进行均匀量化。现在广泛采用两种对数压缩，美国采用μ压缩律，我国和欧洲各国均采用A压缩律。本实验中PCM编码方式也是采用A压缩律。A律压扩特性是连续曲线，实际中往往都采用近似于A律函数规律的13折线（$A = 87.6$）的压扩特性。这样，它基本保持连续压扩特性曲线的优点，又便于用数字电路来实现。

（二）脉冲编码调制的基本原理

量化后的信号是取值离散的数字信号，下一步是将这个数字信号编码。通常把从模拟信号抽样、量化、编码变换成为二进制符号的基本过程，称为脉冲编码调制。

在13折线法中，无论输入信号是正还是负，均用8位折叠二进制码来表示输入信号的抽样量化值。其中，用第一位表示量化值的极性，其余7位（第二位至第八位）则表示抽样量化值的绝对大小。具体的做法是：用第二至第四位表示段落码，它的8种可能状态来分别代表8个段落的起点电平。其他4位表示段内码，它的16种可能状态分别代表每一段落的16个均匀划分的量化级。这样处理的结果，使8个段落被划分成2的7次方即128个量化级。段落码和8个段落之间的关系见表3-1，段内码与16个量化级之间的关系见表3-2。上述编码方法是把压缩、量化和编码合为一体的方法。

表3-1　段落码

段落序号	段落码	段落序号	段落码
8	111	4	011
7	110	3	010
6	101	2	001
5	100	1	000

表3-2　段内码

量化级	段内码	量化级	段内码
15	1111	12	1100
14	1110	11	1011
13	1101	10	1010

表3-2（续）

量化级	段内码	量化级	段内码
9	1001	4	0100
8	1000	3	0011
7	0111	2	0010
6	0110	1	0001
5	0101	0	0000

（三）PCM编码硬件实现

完成PCM编码的方式有多种，最常用的是采用集成电路完成PCM编译码，如芯片TP3057，TP3067等。集成电路的优点是电路简单，只需几个外围元件和三种时钟即可实现，不足是无法展示编码的中间过程，这种方法比较适合实际通信系统。另一种PCM编码方式是用软件来实现，这种方法能分离出PCM编码的中间过程，如带限、抽样、量化、编码的完整过程，对学生理解PCM编码原理很有帮助。

TP3057芯片实现PCM编译码，原理框图如图3-2所示。

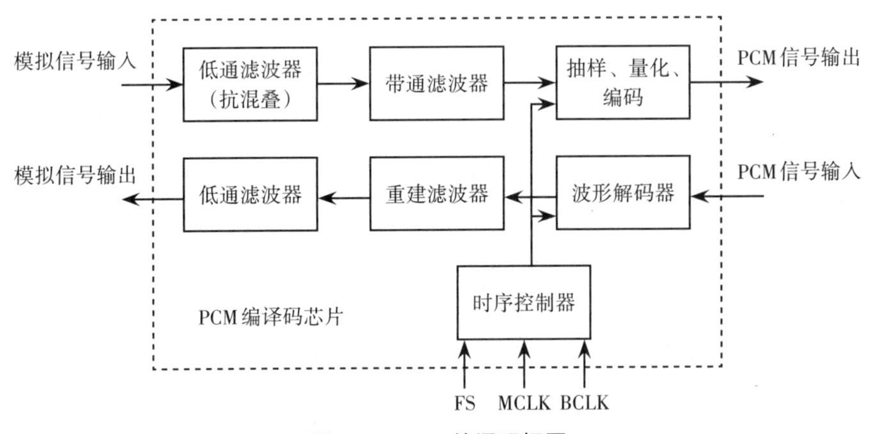

图3-2　PCM编译码框图

集成芯片TP3057完成PCM编译码，除了相应的外围电路，主要需要三种时钟，即编码时钟MCLK、线路时钟BCLK、帧脉冲FS。3个时钟需有一定的时序关系，否则芯片不能正常工作。

（1）编码时钟MCLK是一个定值，2048 kHz。

（2）线路时钟BCLK是64 kHz的n倍，即64，128，256，512，1024，2048 kHz。

（3）帧脉冲FS是8 kHz，脉宽必须是BCLK的一个时钟周期。

（四）PCM编码算法实现

1. 基于软件算法完成PCM编码

框图如图3-3所示。

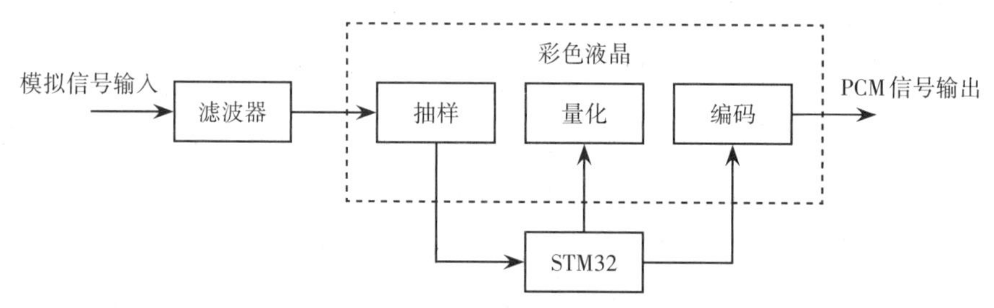

图3-3　软件实现PCM编码框图

本实验采用软件方式完成PCM编码、集成芯片TP3057完成PCM译码，希望通过微处理器和液晶屏能形象地展示PCM编码的完整过程，即带限、抽样、量化、编码的过程，便于学生理解PCM编码原理。译码采用集成芯片TP3057的目的是验证软件编码是否正确。

2. 软件PCM编码原理

在A律13折线编码中，正负方向共16个段落，在每一个段落内有16个均匀分布的量化电平，因此总的量化电平数$L=256$。编码位数$N=8$，每个样值用8 bit代码$C_1 \sim C_8$来表示，分为三部分。第一位C_1为极性码，用1和0分别表示信号的正、负极性。第二到第四位码$C_2C_3C_4$为段落码，表示信号绝对值处于那个段落，3位码可表示8个段落，代表了8个段落的起始电平值。

上述编码方法是把非线性压缩、均匀量化、编码结合为一体。在上述方法中，虽然各段内的16个量化级是均匀的，但因段落长度不等，故不同段落间的量化间隔是不同的。当输入信号小时，段落小，量化级间隔小；当输入信号大时，段落大，量化级间隔大。第一、二段最短，归一化长度为1/128，再将它等分为16段，每一小段长度为1/2048，这就是最小的量化级间隔Δ。根据13折线的定义，以最小的量化级间隔Δ为最小计量单位，可以计算出13折线A律每个量化段的电平范围、起始电平I_{si}、段内码对应电平、各段落内量化间隔

Δ_i。具体计算结果如表3-3所示。

表3-3　13折线A律有关参数表

段落号 $i=1\sim8$	电平范围Δ	段落码 $C_2C_3C_4$	段落起始电平 $I_{si}(\Delta)$	量化间隔 $\Delta_i(\Delta)$	段内码对应权值（Δ）$C_5C_6C_7C_8$			
8	1024 ~ 2048	1 1 1	1024	64	512	256	128	64
7	512 ~ 1024	1 1 0	512	32	256	128	64	32
6	256 ~ 512	1 0 1	256	16	128	64	32	16
5	128 ~ 256	1 0 0	128	8	64	32	16	8
4	64 ~ 128	0 1 1	64	4	32	16	8	4
3	32 ~ 64	0 1 0	32	2	16	8	4	2
2	16 ~ 32	0 0 1	16	1	8	4	2	1
1	0 ~ 16	0 0 0	0	1	8	4	2	1

注：各区间包含下限，不包含上限。

处理器自带的12位ADC，对应的寄存器采样值0~4095，采样值在0~2047，第一位C_1的极性码为负，用0表示；采样值在2048~4095，第一位C_1的极性码为正，用1表示。PCM的其他比特通过量化值查表方式产生。STM32同时将模拟信号、抽样脉冲、量化值、编码值显示在彩色液晶屏上，学生能清晰地观察到这4个信号的相互关系，如图3-4所示：

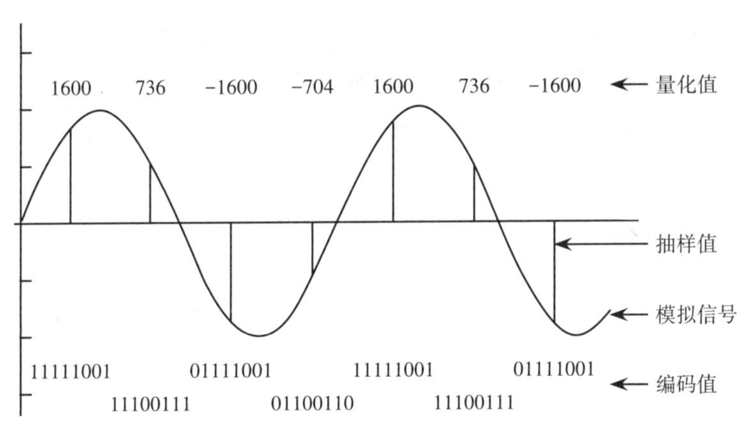

图3-4　PCM编码显示

图3-4中竖线表示抽样位置，上方数字是量化值，样值范围-2048 ~ 2048；

下方二进制值是A律13折线编码。

以量化值为-1600为例：

（1）量化值为负值，故极性码C_1为0。

（2）电平范围位于1024~2048，段落码$C_2C_3C_4$为111。

（3）量化间隔为64，段落起始电平为1024，$1600-1024=576$；$576\div64=9$。

段内码$C_5C_6C_7C_8$为1001。

那么量化值-1600对应的PCM编码值为01111001。

（五）实验框图说明

图3-5为PCM编译码原理的流程框图。

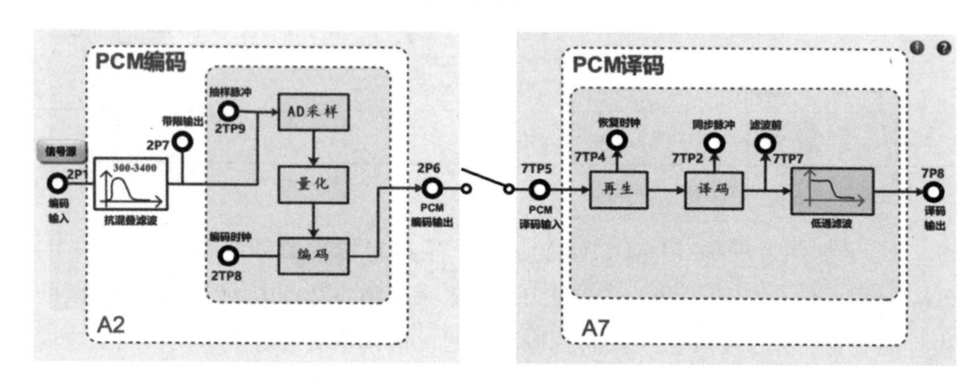

图3-5　PCM编译码流程框图

本实验中需要用到以下功能模块：

PCM编码原理实验由模块A2通过软件算法实现，模拟信号经300~3400 Hz带通滤波器后送入算法处理器进行模数转换，模数转换精度为12位，其AD采样后量化范围为0~4095，STM32采用查表法实现PCM的A律编码；编码数据从2P6输出。

将编码数据送入译码输入端7TP5，PCM译码信号从7P8输出。

图中“信号源”按钮用于对模拟信号类型、频率、幅度进行选择。

三、实验任务

（1）PCM编码原理验证，理解带限滤波器作用、A律编码规则。

（2）PCM编译码性能测量，观测编译码电路频响、时延、失真、增益等。

四、实验内容及步骤

（一）实验准备

1. 加电

打开系统电源开关（先打开实验台右侧面开关、再打开左侧开关），通过液晶显示和模块运行指示灯状态，观察实验平台加电是否正常。若加电状态不正常，请立即关闭电源，查找异常原因。

2. 选择实验内容

使用鼠标在液晶屏上根据功能菜单选择：信源编译码实验→PCM编译码实验，进入PCM编译码原理实验页面。

（二）PCM编码原理验证

1. 设置工作参数

设置信号源为："正弦"，1 kHz，幅度为15（峰峰值约2 V）。

2. PCM串行接口时序观察

输出时钟和帧同步时隙信号观测：用示波器同时观测抽样脉冲信号（2TP9）和输出时钟信号（2TP8），观测时以2TP9做同步。分析和掌握PCM编码抽样脉冲信号与输出时钟的对应关系（同步沿、抽样脉冲宽度等）。

3. PCM串行接口时序观察

抽样时钟信号与PCM编码数据测量：用示波器同时观测抽样脉冲信号（2TP9）和编码输出信号（2P6），观测时以2TP9做同步。分析和掌握PCM编码输出数据与抽样脉冲信号（数据输出与抽样脉冲沿）及输出时钟的对应关系。

4. 在液晶观测PCM编码

用鼠标点击PCM编译码流程框图（图3-5）右上角"!"号，液晶屏上会出现PCM编码解析，如图3-6所示，可以观察模拟信号、抽样脉冲、量化值、编码值等相关波形和参数，根据实验原理，研究量化值和编码值间的对应规则，即PCM编码规则。

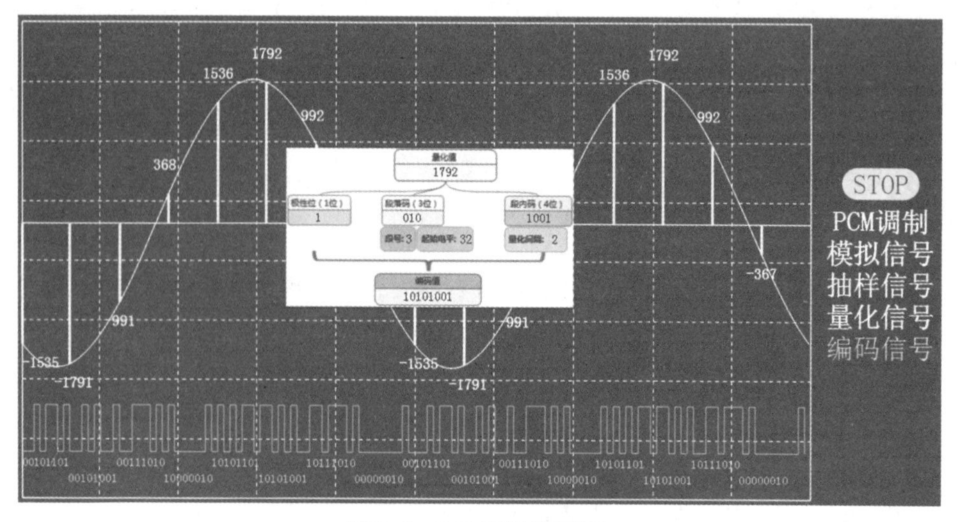

图 3-6　PCM编码解析图

实验时，鼠标移至抽样脉冲上时，屏幕上显示该抽样信号的PCM编码值及对应的编码规则。

注：PCM编码数据从抽样脉冲的下沿开始，高位在前，考虑到商用PCM编译码芯片数据偶数位反转，因此编码数据（2P6）也应偶数位反转，上图中量化值1792的PCM编码值反转后为10101001。

5. PCM编码输出数据观测

用示波器同时观测抽样脉冲信号（2TP9）和编码输出数据端口（2P6），观测时以2TP9做同步。在示波器上读出一个编码样点值，并和液晶屏上的相应编码数据进行比较。

（三）PCM译码观测

用鼠标点击图3-6中开关，开关闭合，PCM输出编码数据模块A7译码。用示波器同时观测输入模拟信号2P7和译码器输出信号7P8，定性观测编译码前后波形（频率为1 kHz、幅度峰峰值为2 V）质量、电平的关系。

（四）PCM频率响应测量

将测试信号电平峰峰值固定在2 V（或20），调整测试信号频率，定性地观测译码恢复出的模拟信号电平；观测输出信号电平相对于输入信号频率变化的相对关系；用点频法测量，测量频率范围为250 ~ 4000 Hz。

（五）PCM译码失真测量

将测试信号频率固定在1 kHz，改变测试信号电平（输入信号的幅度峰峰值为5 V），用示波器定性地观测译码恢复出的模拟信号质量（通过示波器对比编码前和译码后信号波形平滑度）。

（六）PCM编译码系统增益测量

DDS产生一个频率为1 kHz、电平峰峰值为2 V的正弦波测试信号送入信号测试端口2P1。用示波器（或电平表）测输出信号端口（7P8）的电平。将收发电平的倍数（增益）换算为以dB表示。

（七）实验结束

关闭电源：先关闭控制器PC机，再关闭左侧开关，最后关闭右侧面开关（右侧面开关为总电源），整理实验台，并按要求放置好实验附件和实验模块。

五、实验报告要求

描述PCM编码串行同步接口的时序关系。并完成表3-4至表3-7。

表3-4　定性描述PCM编译码的特性、编码规则

频率：1000 Hz 幅度峰峰值：2 V	样点1	样点2	样点3	样点4	样点5	样点6	样点7	样点8
量化值								
编码值								

表3-5　PCM的频响特性

输入频率 / Hz	200	500	800	1000	2000	3000	3400	3600
输出幅度 / V								

表3-6　并画出PCM的动态范围

输入幅度 / V	0.1	0.2	0.5	1	2	3	4	5
输出幅度 / V								

表3-7 测量PCM的群延时特性（本地示波器测）。(输入输出模拟信号时延)

输入频率 / Hz	300	500	1000	1500	2000	3000	3100	3400
延时 / μs								

六、思考题

（1）输入信号峰峰值为0 V时，PCM编码数据是多少？为什么？

（2）基于AD和微处理器，细述PCM编码流程、实现方法、对AD精度要求等。

七、实验注意

（1）实验时，编码输入端模拟信号不宜太大，原则上峰峰值为2 V左右，译码输出以不溢出为限。

（2）示波器观测模拟信号和编码数据时，模拟信号以2P7端为准。

◉实验十　增量调制（CVSD）编译码

一、实验目的

（1）了解语音信号的增量调制编译码的工作原理；

（2）学习增量调制编译码器的软件实现方法，掌握它的调整测试方法；

（3）熟悉语音数字化技术的主要指标及测量方法。

二、实验原理

增量调制编码每次取样只编一位码，这一位编码不是表示信号抽样值的大小，而是表示抽样幅度的增量，即采用一位二进制数码“1”或“0”来表示信号在抽样时刻的值相对于前一个抽样时刻的值是增大还是减小，增大则输出“1”码，减小则输出“0”码。输出的“1”“0”只表示信号相对于前一个时刻的增减，不表示信号的幅值。

CVSD编译码也常用集成电路实现和软件实现两种，本实验平台采用的是软件方法实现的CVSD编译码。具体实现：模拟信号抽样、量化、CVSD编码在“信源编码与复用模块”中的STM32中实现；CVSD译码和滤波在“信源译码和解复用”模块的FPGA中完成，信号再生在“信源译码和解复用”模块的STM32中完成。

（一）CVSD编译码原理

CVSD是一种量阶δ随着输入语音信号平均斜率大小而连续变化的增量调制方式。它的工作原理：用多个连续可变斜率的线段来逼近语音信号，当线段斜率为正时，对应的数字编码为1；当线段斜率为负时，对应的数字编码为0。

当CVSD工作于编码方式时，其系统框图如图3-7所示。语音信号$f_{in}(t)$经抽样得到数字信号$f(n)$，数字信号$f(n)$与积分器输出信号$g(n)$比较后输出偏差信号$e(n)$，偏差信号经判决后输出数字编码$y(n)$，同时该信号作为积分器输出斜率的极性控制信号和积分器输出斜率大小逻辑的输入信号。在每个时钟周期内，若语音信号大于积分器输出信号，则判决输出1，积分器输出上升一个量阶δ；若语音信号小于积分器输出信号，则判决输出0，积分器输出下降一个量阶δ。

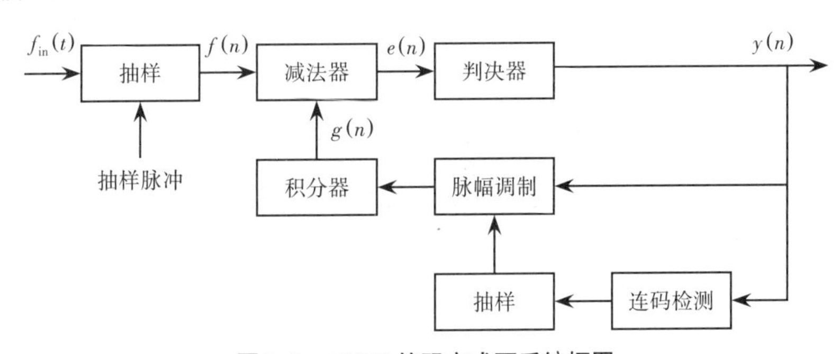

图3-7　CVSD编码方式下系统框图

当CVSD工作于译码方式时，其系统框图如图3-8所示。在每个时钟周期内，数字编码$y(n)$被送到连码检测器，然后送到斜率幅度控制电路以控制积分器输出斜率的大小。若数字编码$y(n)$输入1，则积分器的输出上升一个量阶δ；若数字编码$y(n)$输入0，则积分器的输出下降一个量阶δ，这相当于编码过程的逆过程。积分器的输出$f_{out}(t)$通过低通滤波器平滑滤波后将重现输入语音信号$f_{in}(t)$，在本实验中低通滤波器由硬件完成。可见输入信号的波形上升越快，输出的连“1”码就越多，同样，下降越快，连“0”码越多，CVSD编码能够很好地反映输入信号的斜率大小。为使积分器的输出能够更好地逼近输入语音信号，量阶δ随着输入信号斜率大小而变化，当信号斜率绝对值很大，编码出现三个连“1”或连“0”码时，则量阶δ加一个增量δ_s。当不出现上述码型时，量阶则相应地减少。

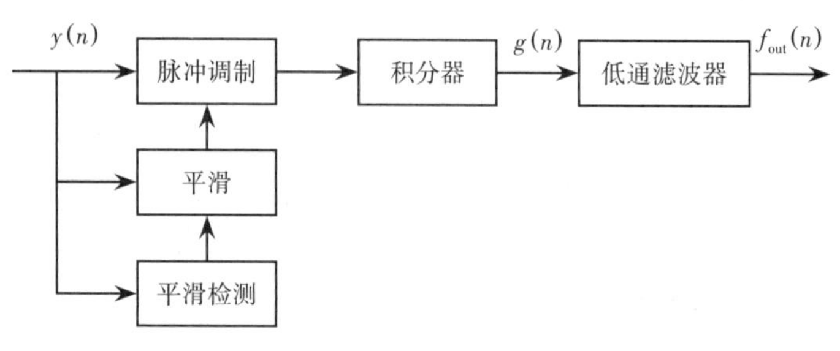

图3-8　CVSD译码方式下系统框图

（二）CVSD实现算法

1. CVSD编码算法

CVSD通过不断改变量阶δ大小来跟踪信号的变化以减小颗粒噪声与斜率过载失真，量阶δ调整是基于过去的三个或四个样值输出。具体编码程序流程如图3-9所示（以基于过去三个样值为例）。

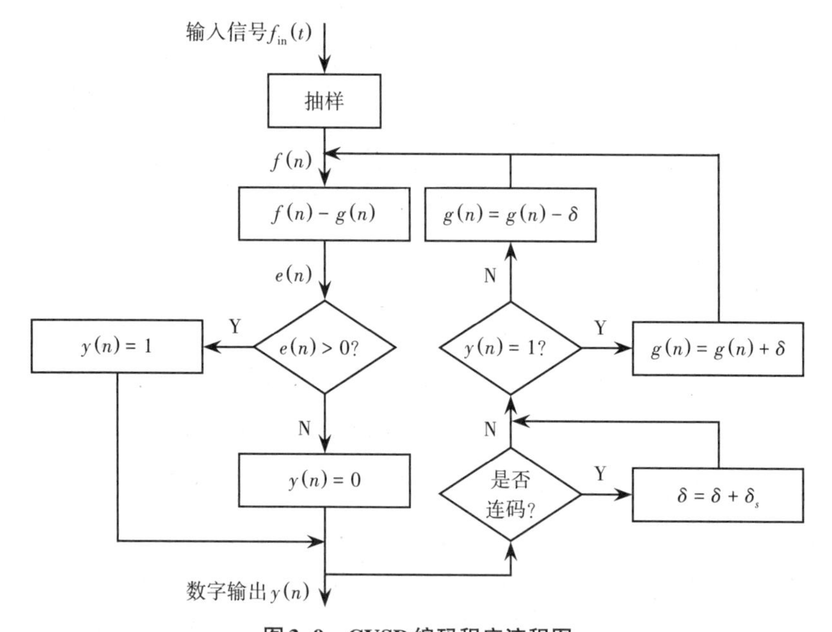

图3-9　CVSD编码程序流程图

（1）当$f(n) > g(n)$时，比较器输出$e(n) > 0$，则数字编码$y(n)$为1，积分器输出$g(n) = g(n-1) + \delta$。

（2）当$f(n) \leqslant g(n)$时，比较器输出$e(n) < 0$，则数字编码$y(n)$为0，积分器输出$g(n) = g(n-1) - \delta$。

2. CVSD译码算法

译码是对收到的数字编码$y(n)$进行判断，每收到一个“1”码就使积分器输出上升一个δ值，每收到一个“0”码就使积分器输出下降一个δ值，连续收到“1”码（或“0”码）就使输出一直上升（或下降），这样就可以近似地恢复输入信号。具体译码程序流程如图3-10所示。

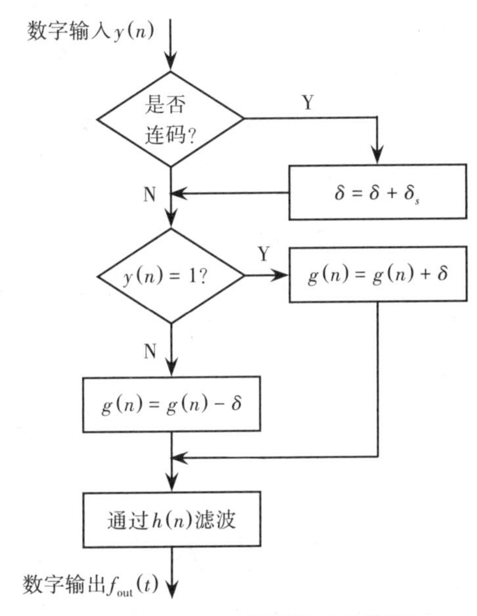

图3-10　CVSD译码程序流程图

（1）当$y(n) = 1$，积分器输出$g(n) = g(n) + \delta$。

（2）当$y(n) = 0$，积分器输出$g(n) = g(n) - \delta$。

在整个编译码过程中，如果数字编码出现三个连“1”或连“0”码时，则增加δ值；否则减掉δ值。

（三）实验框图说明

CVSD编译码流程框图如图3-11所示：

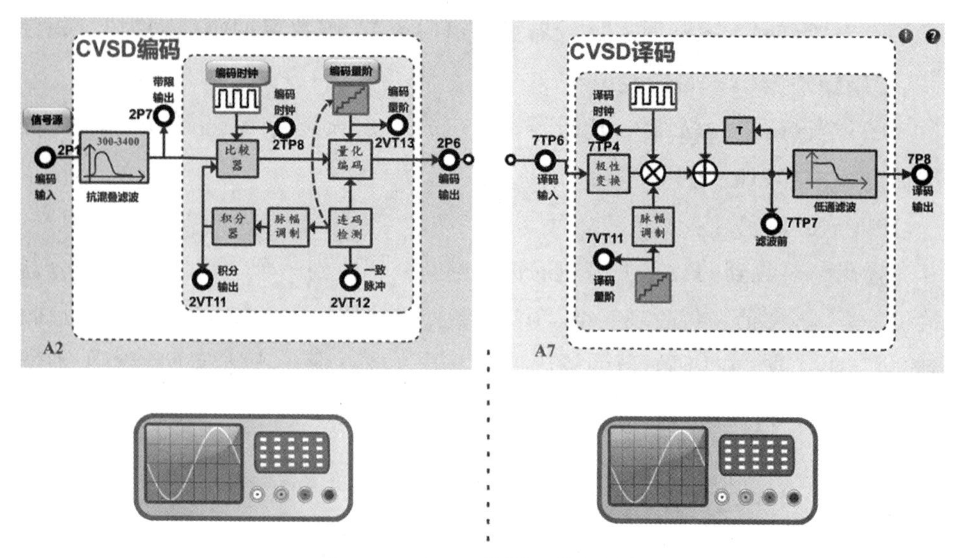

图3-11　CVSD编译码流程框图

本实验中需要用到以下功能模块：

CVSD编码通过模块A2实现，模块接收从2P1输入的模拟信号，信号经300～3400 Hz带通滤波器后送入AD采集单元进行模数转换，转换后进行CVSD编码。模块通过编程实现CVSD编码算法；在编码时，通过“积分输出”输出本地译码，通过2TP8输出本地编码时钟，通过2P6输出编码输出；其中编码时钟可以通过“编码时钟”按钮修改为“32K”“64K”；初始编码量阶可通过“编码量阶”按钮修改，共4个量阶可以修改。编码过程中，编码量阶会根据信号进行自适应变化。

将编码数据送入模块A7的译码输入端7TP6，CVSD译码数据从7P8输出（7TP7输出滤波前信号）。在对编码模块进行“时钟”和“量阶”设置时，会同时修改译码模块工作参数。

图中“信号源”按钮用于对模拟信号类型、频率、幅度进行设置。

三、实验任务

（1）CVSD编码原理验证，观测不同量阶、不同编码速率时本地编码输出、一致脉冲、积分输出等波形。

（2）量化噪声分析。

（3）增量调制编译码系统频率响应测量。

四、实验内容及步骤

（一）实验准备

1. 加电

打开系统电源开关（先打开实验台右侧面开关、再打开左侧开关），通过液晶显示和模块运行指示灯状态，观察实验平台加电是否正常。若加电状态不正常，请立即关闭电源，查找异常原因。

2. 选择实验内容

使用鼠标在液晶屏上根据功能菜单选择：实验项目→信源编译码实验→CVSD编译码，进入CVSD编译码原理实验页面。

（二）CVSD编码原理验证

1. 设置工作参数

通过框图按钮设置“信号源”为：“正弦”，1 kHz，幅度为15（峰峰值约2 V）；“编码时钟”选择32K；“编码量阶”选择量阶4。

2. 通过液晶屏观测CVSD编码

用鼠标点击CVSD编译码流程框图3-11右上角“!”符号，液晶屏展示正弦波、量化波形及编码数据。改变正弦波幅度，增量调制编码器输出数据也作相应变化，如图3-12所示。

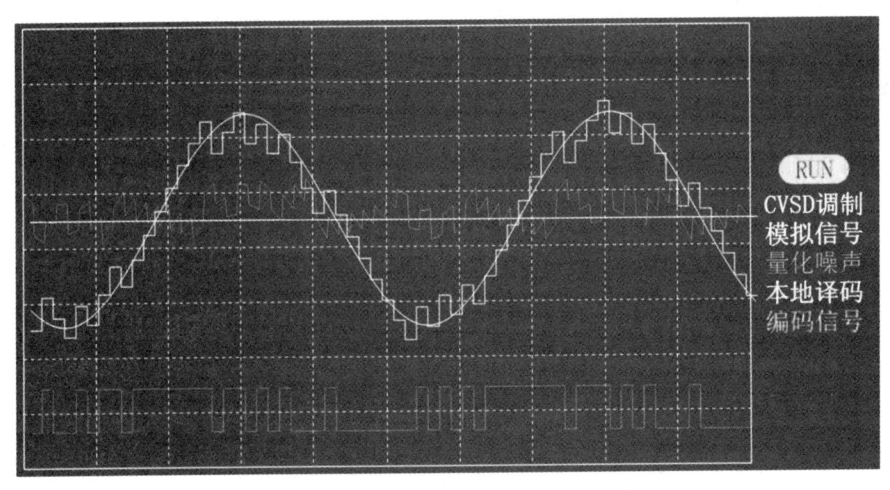

图3-12　正弦波、量化波形及编码数据

3. 通过示波器观测CVSD编码

双踪示波器探头分别接在测量点2P7和2P6，观察正弦波及增量调制编码器输出数据。调节“中控模块”幅度电位器，改变正弦波幅度，增量调制编码器输出数据也作相应变化。严重过载量化失真时，增量调制编码器输出交替的长连“1”、长连“0”码。在出现3连“0”或3连“1”时，编码量阶会进行自适应调整，由于量阶变化范围很小，不容易观测到该现象。

“编码量阶”选择：量阶1，调整原始信号电平为0，观察编码起始电平。修改编码初始量阶为量阶2，3，4，重新观测编码起始电平。逐渐增加信号电平，观察起始电平变化及编码输出。

4. CVSD过载观测

正常情况下，增量调制本地译码信号和原始信号会有“跟随效果”，即原始信号和本地译码信号会有同样的变化规律。但是当量阶过小，或者本地信号幅度变化太快，则会出现本地译码跟随不了原始信号的情况，即过载量化失真。在实验中，尝试逐渐增大原始信号的幅度，观察过载量化失真现象。观察过载量化失真是：增量调制编码器输出交替的长连“1”、长连“0”码现象。

（1）选择“信号源”为：“正弦”，1 kHz，用示波器测量本地译码器的输出波形。调节输入信号的幅度由小到大，记录下使译码器输出波形失真时的临界过载电平A_{max}。

（2）改变输入信号的频率f，分别取$f = 400$，800，1200，1600，2000，2400，2800，3000，3400 kHz，在表3-9中记下相应的临界过载电平A_{max}。填写表3-8和3-9。

表3-8　时钟速率为64 kHz时

输入信号频率 / kHz	400	800	1200	1600	2000	2400	2800	3000	3400
临界过载电平A_{max}									

表3-9　时钟速率为32 kHz时

输入信号频率 / kHz	400	800	1200	1600	2000	2400	2800	3000	3400
临界过载电平A_{max}									

（三）CVSD译码观测

用示波器双通道分别观测：编码前信号2P1和译码后恢复信号7P8，对比编码前和译码后波形。调整DDS信号波形频率、幅度，观察译码恢复信号的变化。

（四）CVSD量化噪声观测

示波器一个通道测输入模拟信号2P7，另一个通道本地“积分输出”；用示波器相减功能比较下列条件下量化噪声：

（1）编码速率分别为32，64 kHz。

（2）信号幅度峰峰值分别为：1 V和2 V。

（3）信号频率分别为：400 Hz、1 kHz、2 kHz。

（4）量化台阶分别为：量阶1 ~ 4。

（五）CVSD编码时钟对编码系统的影响

（1）CVSD编译码共有2个编码速率可选：32，64 kHz。设置“信号源”为：“正弦”，1 kHz，幅度为15（峰峰值约2 V）；通过修改框图上的“编码时钟”按钮，分别选择32，64 kHz，对比分析不同编码速率下，编码数据和译码恢复的信号的差别。

（2）有时间的同学可以在不同的编译码时钟速率下，重新完成上面实验步骤的操作，深入分析编译码时钟对增量调制编码质量的影响。

（六）编码量阶对编译码系统的影响

（1）CVSD编译码共有四个编译码量阶可选：量阶1，2，3，4。在同等条件下，通过修改框图上的“编码量阶”按钮，分别选择量阶1，2，3，4，对比分析不同量阶下，编码数据和译码恢复的信号的差别。

（2）有时间的同学可以在不同的编译码量阶下，重新完成上面实验步骤的操作，深入分析编译码量阶对增量调制编码质量的影响。

（七）增量调制编译码系统频率响应测量

（1）2P1端加入频率1 kHz，幅度为15（峰峰值约2 V）的正弦波，用鼠标点击原理框图开关，将CVSD收发端连通，将示波器探头分别接在测量点2P1和7P8，观察输入正弦波及译码恢复正弦波，是否有明显失真；

（2）改变DDS频率，测量频率范围：250 ~ 4000 Hz，填写表3-10。

表3-10　不同输入频率和幅度下的输出幅度

输入频率 / Hz	200	500	800	1000	2000	3000	3400	3600
输入幅度峰峰值 / V	2	2	2	2	2	2	2	2
输出幅度 / V								

（八）测量系统的最大信噪比

（1）设置“信号源”为：“正弦”，1 kHz，用示波器观察比较“积分输出”与“模拟输入”的波形，在编码器临界过载的情况下，测量系统的最大信噪比。

（2）实际工作时，通常采用失真度仪来测量最大信号量化噪声比。因为失真度与信噪比互为倒数，所以当用失真度仪测出失真度为x时，取其倒数$1/x$即为信噪比，即失真度 = x，则$S/N_q = 1/x$或（S/N_q）= 20lg（$1/x$）dB。见表3-11和表3-12。

表3-11　时钟速率为64 kHz时

编码电平	A_{m0}（V）失真度（x%）	［S/N_q］$_{max}$ / dB
最大信号量化噪声比		

表3-12　时钟速率为32 kHz时

编码电平	A_{m0}（V）失真度（x%）	［S/N_q］$_{max}$ / dB
最大信号量化噪声比		

（九）关机拆线

实验结束，关闭电源：先关闭控制器PC机，再关闭左侧开关，最后关闭右侧面开关（右侧面开关为总电源），整理实验台，并按要求放置好实验附件和实验模块。

五、实验报告要求

（1）分别画出输入信号频率为1 kHz和2 kHz，幅度峰峰值分别为1 V和2 V

时，液晶界面量化台阶信号，并作简要叙述。

（2）叙述PCM与CVSD编译码的区别。

（3）分析实验中量化噪声大小和编码条件（编码时钟，编码量阶）间的关系。

六、思考题

分析PCM和CVSD两种编码数据串行传输时，译码端对时序的要求。

七、实验注意

（1）实验时，编码输入端模拟信号不宜太大，原则上峰峰值为2 V左右，译码端“译码量阶”不溢出为限。

（2）示波器观测模拟信号和编码数据时，模拟信号以2P7端为准。

◉ 实验十一　卷积码编译码及纠错性能验证

一、实验目的

（1）学习卷积码编译码的基本概念；

（2）掌握卷积码的编译码方法；

（3）验证卷积码的纠错能力。

二、实验原理

（一）卷积码介绍

卷积码编码器通常记作（n，k，N），对应于每段k个比特的输入序列，输出n个比特；这n个输出比特不仅与当前的k个输入比特有关，而且还与以前的（$N-1$）k个输入比特有关。（n，k，N）卷积码编码器包括：一个由Ⅳ段组成的输入移位寄存器，每段有k级，共Nk位；一组n个模2加法器；一个由n级组成的输出移位寄存器。整个编码过程可以看成是输入序列与由移位寄存器和模2加法器连接方式所决定的另一个序列的卷积。

对于（2，1，3）卷积码编码器来说，$n=2$，$k=1$，$N=3$，即每输入1个信息比特时经编码后产生2个输出比特，输出比特不仅与当前的1个输入比特有关．而且还与以前的2个输入比特有关。

（二）卷积码编译码原理

1. 卷积码编码

在理论教材中，卷积码编译码并不会讨论编码速率、同步等问题，但在实际通信系统中，为了满足系统要求，编码时，需要对速率进行调整，并且添加同步信息，在下面的编码原理介绍中采用了工程实际应用中的编码算法，这部分也是学生需要重点掌握的内容。

在实验中，卷积码编码系统选用（2，1，2）卷积码编码器，卷积码码字是八进制（5，7）。其编码器原理如图3-13所示：

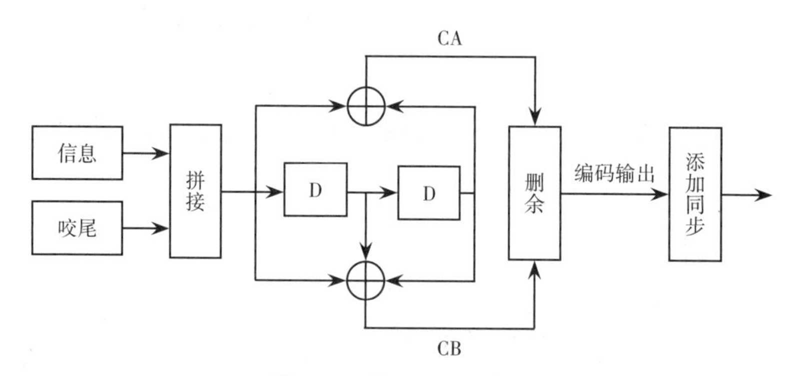

图3-13　编码原理示意图

编码器按块进行编码，每隔一段时间，输入一段数据作为信息位，输入到编码器中的内容为“信息+咬尾”的拼接，其中信息为通信传输的实际内容，咬尾是为了使编码器状态归0（viterbi译码时可以从状态“0”回溯）。在原理实验中，信息输入共计16 bit（16位拨码开关），咬尾bit为连续5个“0”bit。

正常情况下，（2，1，2）卷积码码率为1/2，则编码后，数据速率为原始信息的2倍，由于信息位添加了咬尾，因此实际速率高于2倍速率，因此在实际通信中需要通过删余操作获得不同码率输出。在本次实验内容中，系统删余表为：

CA：1 0 1

CB：1 1 0

即第1个bit编码输出保留CA和CB，第2个bit保留CB，第3个bit保留CA，后续依次循环；删余之后码率为3/4，所以每块数据编码输出为（16+5）×4/3=28（bit）。先输出CB，再输出CA，如遇到删余，如图3-14中黑色编码位，则跳过。

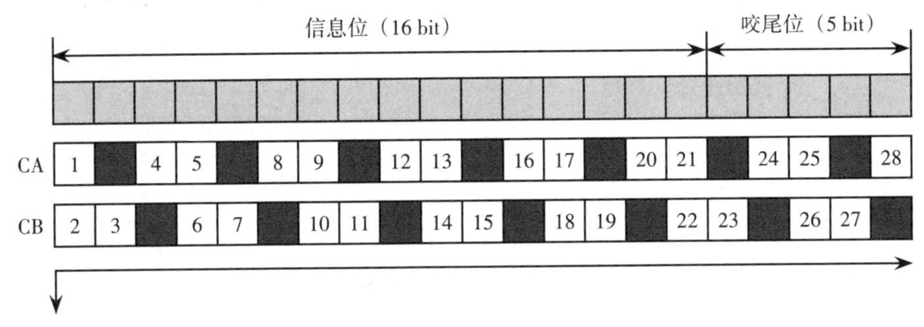

图3-14 编码数据输出选择

为了后续译码能够找到编码数据块起始，需要在编码块前添加同步码，同步码为8 bit，一帧数据包括两个卷积块，则每块数据组帧后共有8 bit + 2×28 bit = 64 bit数据。如图3-15。

同步码	卷积#1	卷积#2

图3-15 编码组帧原理示意图

2. 卷积码译码

卷积码的译码可分为代数解码和概率解码两类。大数逻辑解码器是代数解码最主要的解码方法，它既可用于纠正随机错误，又可用于纠正突发错误，但要求卷积码是自正交码或可正交码。另外一种viterbi属于概率译码，由于其译码效果更好，因此在实际系统中使用较多，在实验系统中也选用了该译码算法。

译码模块为编码的逆过程，译码算法为viterbi。译码过程如图3-16所示：首先从解调输出中搜索同步码，同步后，将负荷删余位置填充，补充的bit可以任意为0或1，然后对填充的信号进行viterbi译码，译码后的数据输出去掉咬尾bit，最终的信息即为信息bit。

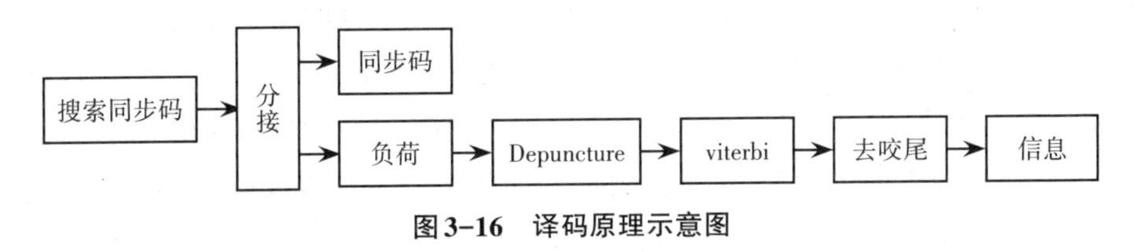

图3-16 译码原理示意图

（三）实验框图及功能说明

卷积码编译码原理实验框图如图3-17。

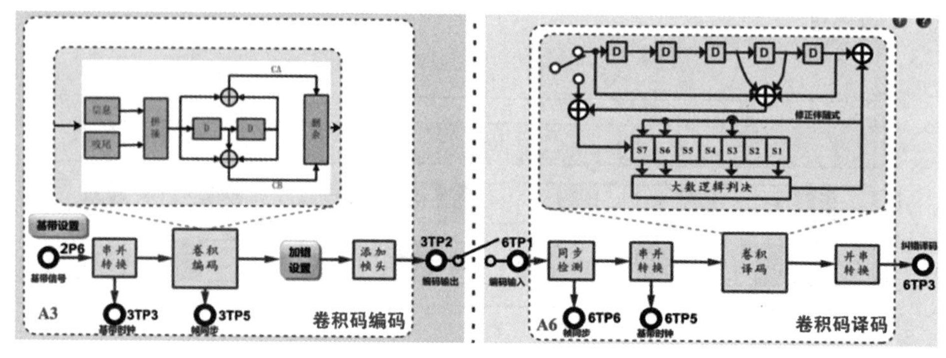

图3-17　卷积码编译码原理实验框图

本实验中需要用到以下2个功能模块：

1. 码型变换线路与信道编码模块A3

模块完成卷积码编码的功能。为便于观察实验结果，对编码原理进行验证，在本节原理实验中，不需要外接基带数据（系统实验时需外接数据），而是直接内部产生16 bit的基带数据，对该基带数据进行编码。对16 bit数据按照（2，1，2）卷积码编码时，编码后的数据可以直接输出，或者进行加错设置后输出。

2. 信道译码模块A6

模块完成卷积码译码功能。将编码数据输入到模块译码输入端，可以完成卷积码编码的纠错输出和未纠错输出。通过两组数据比较可以完成卷积码纠错能力的验证。

（四）框图中各个测量点关系说明

图3-18中对各个测量点时序关系进行说明：

图中标注了一帧长度，为64个编码时钟周期。3TP5为编码数据帧，每隔64个时钟周期输出一个帧脉冲，帧脉冲的上升沿为一帧的起始时刻。

2P6为编码前基带数据（16 bit），3TP3为基带数据时钟，由于编码后数据增加，对应数据速率变快。在实验中，编码时钟为基带数据时钟的2倍，因此64个编码时钟周期包含32 bit基带数据，即两组16 bit基带数据。编码时每组16 bit分别进行卷积码编码，根据前面编码原理部分的介绍，可知，每次编码

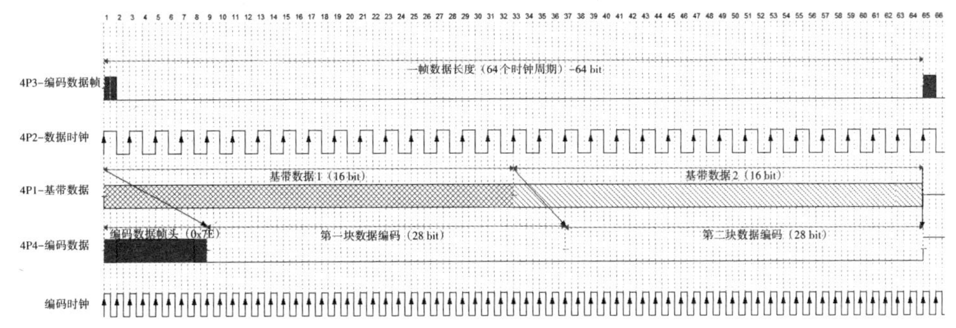

图3-18　卷积码编译码各个测量点时序图

后为28 bit。

在进行编码时，为了便于同步，将两组编码数据进行组帧，在最前面加上8 bit帧头（帧头为0x7E），组成一帧完整的编码数据。从图中可以看出，一帧编码数据包含：8 bit帧头+2组编码数据，即8 bit + 2 × 28 bit = 64 bit数据。

在进行加错设置时，可以通过4 × 7 bit的拨码开关设置四组错误，四组错误中28 bit对应每块编码中的28 bit编码数据。对应组帧数据中，在加错设置时，分别对两组数据进行加错。

三、实验任务

（1）卷积码编码原理验证。

（2）卷积码译码观测及纠错能力验证。

四、实验内容及步骤

（一）实验准备

1. 加电

打开系统电源开关（先打开实验台右侧面开关、再打开左侧开关），通过液晶显示屏和模块运行指示灯状态，观察实验平台加电是否正常。若加电状态不正常，请立即关闭电源，查找异常原因。

2. 选择实验内容

在液晶屏上根据功能菜单选择：实验项目→信道编译码实验→卷积码编译码及纠错性能验证，进入卷积码编译码实验功能页面。

3. 信号线连接

使用信号连接线按照实验框图中的连线方式进行连接，并理解每个连线的含义。

（二）卷积码编码原理验证

1. 基带数据设置及观测

使用逻辑分析仪分别观察2P6和3TP3。使用鼠标点击“基带设置”按钮，弹出16 bit拨码开关，修改数据速率及拨码开关，点击“设置”进行修改，观察示波器观测波形的变化，理解并掌握基带数据设置的基本方法。

2. 系统组帧原理观测

使用逻辑分析仪分别观测3TP5和3TP2（其中用示波器测量时，3TP5可作为同步通道）。将基带数据设置为全“0”码，观察一组完整的组帧数据，分析全“0”码时，编码数据输出的内容。

3. 编码数据观测

逻辑分析仪保持步骤2观测点。修改基带数据的设置，观察编码数据输出，结合实验原理部分对帧结构的说明，分别记录基带数据和编码数据。多修改几组基带数据，记录对应的编码数据，结合原理部分卷积码编码的方法，验证编码是否正确。总结该编码算法和理论中使用的卷积码编码有什么不同。

4. 加错数据观测

通过实验框图上的“加错设置”按钮，可以对编码输出加错，16 bit分4组编码后为4 × 7 bit，每bit均能加错。修改加错四组拨码开关的加错数据，通过示波器观测加错前及加错后的数据，并分析加错位置。

注：4组拨码开关，分别对28 bit分成的四组数据卷积码编码后进行加错。

（三）卷积码译码观测及纠错能力验证

1. 卷积码译码观测

使用逻辑分析仪分别观察2P6和6TP3，观测编码前数据和纠错译码后数据。将加错设置全部清零，通过“基带设置”修改基带数据，观察2P6和6TP3是否相同，是否有时延，如有时延，记录时延周期。思考：如果编码不添加帧同步信息，译码是否可以正常完成。

2. 卷积码译码纠错能力验证

通过实验框图上的“加错设置”按钮，设置加错数据，观测基带数据和译码数据是否相同，加错时可以修改不同的加错图样。例如：每组编码加 1 bit 错误，加 2 bit 错误，……，加连续错误，加分散错误等各种不同的情况，以便对卷积译码能力进行验证。

（四）实验结束

实验结束，关闭电源：先关闭控制器 PC 机，再关闭左侧开关，最后关闭右侧面开关（右侧面开关为总电源），整理实验台，并按要求放置好实验附件和实验模块。

五、实验报告要求

（1）简述卷积码编译码的工作原理及工作过程。
（2）根据测量结果，画出各点波形，附上推导过程。
（3）对比汉明码及卷积码纠错能力。

六、思考题

分析实验中卷积码为什么需要增加咬尾、删余、添加同步等操作？

七、实验注意

卷积码编译码没有未纠错功能，即未纠错数据输出端 6TP3 没有对应的未纠错数据输出。

◉ 实验十二　循环码编译码及纠错能力验证

一、实验目的

（1）学习循环码编译码的基本概念；
（2）掌握循环码的编译码方法；
（3）验证循环码的纠错能力。

二、实验原理

（一）循环码编译码介绍

循环码是线性分组码中最重要的一种子类，是目前研究得比较成熟的一类码。它的检、纠错能力较强，编码和译码设备并不复杂，而且性能较好，不仅能纠正随机错误，也能纠正突发错误。循环码还有易于实现的特点，很容易用带反馈的移位寄存器实现其硬件。循环码具有许多特殊的代数性质，这些性质有助于按照要求的纠错能力系统地构造这类码，并且简化译码算法，目前发现的大部分线性码与循环码有密切关系正是由于循环码具有码的代数结构清晰、性能较好、编译码简单和易于实现的特点，因此在目前的计算机纠错系统中所使用的线性分组码几乎都是循环码。

（二）循环码编译码原理

1. 循环码编码

循环码是线性分组码的一种，表3-13为其编码表：

表3-13　循环码生成多项式

序号	输入序列	输出序列	序号	输入序列	输出序列
1	0000	0000000	9	1000	1000110
2	0001	0001101	10	1001	1001011
3	0010	0010111	11	1010	1010001
4	0011	0011010	12	1011	1011100
5	0100	0100011	13	1100	1100101
6	0101	0101110	14	1101	1101000
7	0110	0110100	15	1110	1110010
8	0111	0111001	16	1111	1111111

循环码生成矩阵：

$$G=\begin{bmatrix}1&1&0&1&0&0&0\\0&1&1&0&1&0&0\\0&0&1&1&0&1&0\\0&0&0&1&1&0&1\end{bmatrix}$$

转换为典型矩阵：

$$G=\begin{bmatrix}1&0&0&0&1&1&0\\0&1&0&0&0&1&1\\0&0&1&0&1&1&1\\0&0&0&1&1&0&1\end{bmatrix}$$

2. 循环码译码

循环码译码有两种要求：检错和纠错。若用于检错，则只要判断接收码组$R(x)$是否能整除$g(x)$，若整除，即传余式为0，则表明接收正确，否则表示有错。若用于纠错，还应将余式用查表或计算校正的方法等得到错误图$E(x)$，再将$R(x)+E(x)$便得到纠错后的译码，上述的译码方法是由循环码特殊的数字结构决定的，仅适用于循环码译码。监督矩阵：

$$H=\begin{bmatrix}1&0&1&1&1&0&0\\1&1&1&0&0&1&0\\0&1&1&1&0&0&1\end{bmatrix}$$

例如，$R(x)=0110001$，$\dfrac{R(x)}{g(x)}$的余数为1000，则$E(x)=0001000$，

纠错后译码为01110011。

若$R(x)=0101001$，则余数为0111，

$E(x)=0010000$（余数与位码为001的余数相同），则纠错后译码为0111001。

对$g(x)=10111$，余数为1011，1110，0111，1000，0100，0010，0001均可纠错，

对应的错误图样分别为100000，0100000，0010000，0001000，0000100，0000010，0000001。

若余数为其他图样，则表明错码为2个及以上，则无法纠错。

注：由于循环码属于线性分组码，所以采用一般分组码译码的方法可以对其译码。

（三）实验框图及功能说明

循环码编译码原理实验框图如图3-19。

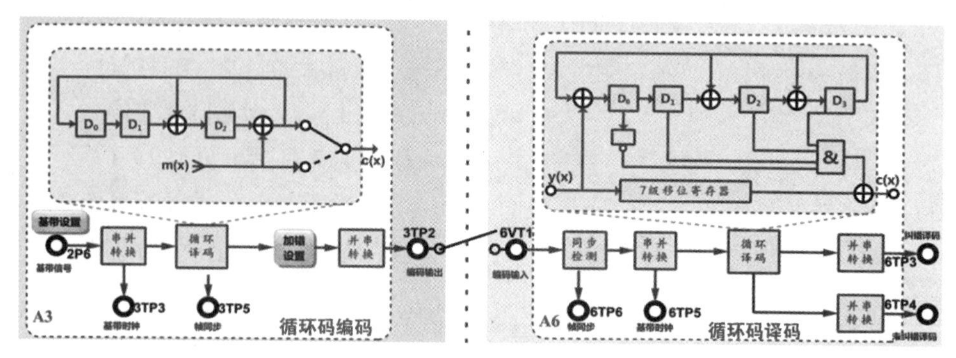

图3-19　循环码编译码原理实验框图

框图说明：

本实验中需要用到以下2个功能模块：

1. 码型变换线路与信道编码模块A3

模块完成循环码编码的功能。为便于观察实验结果，对编码原理进行验证，在本节原理实验中，不需要外接基带数据（系统实验时需外接数据），而是直接内部产生16 bit的基带数据，对该基带数据进行编码。16 bit数据按照（7，4）循环码编码时，需分为4组分别进行编码。编码后的数据可以直接输出，或者进行加错设置后输出。

2. 信道译码模块A6

模块完成循环码译码功能。将编码数据输入到模块译码输入端，可以完成循环码编码的纠错输出和未纠错输出。通过两组数据比较可以完成循环码纠错能力的验证。

（四）框图中各个测量点时序关系说明

图3-20中对各个测量点时序关系进行说明。图中标注了一帧长度，为64个编码时钟周期。3TP5为编码数据帧，每隔64个时钟周期输出一个帧脉冲，帧脉冲的上升沿为一帧的起始时刻。

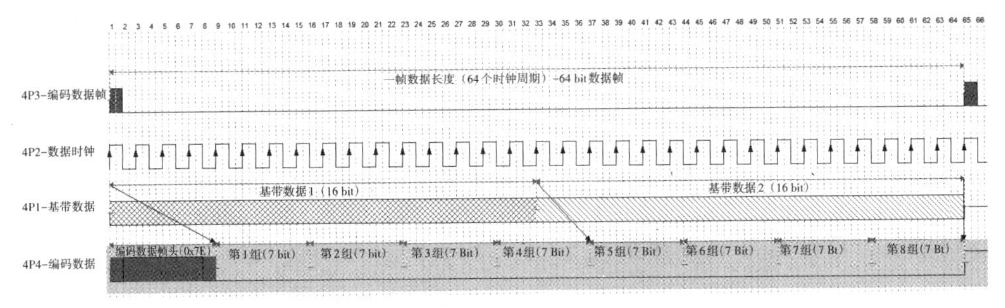

图3-20　循环码编译码各个测量点时序图

2P6为编码前基带数据（16 bit），3TP3为基带数据时钟，由于编码后数据增加，对应数据速率变快。在实验中，编码时钟为基带数据时钟的2倍，因此64个编码时钟周期包含32 bit基带数据，即两组16 bit基带数据。编码时每组16 bit分为4×4 bit进行（7，4）循环码编码，可完成8组（7，4）循环码编码。

在进行编码时，为了便于同步，将两组编码数据进行组帧，在最前面加上8 bit帧头（帧头为0x7E），组成一帧完整的编码数据。从图中可以看出，一帧编码数据包含：8 bit帧头+8组编码数据，即8 bit + 8×7 bit = 64 bit数据。

在进行加错设置时，可以设置四组错误，分别对应16 bit分为的四组（7，4）循环码，对应组帧数据中，分别对两组数据进行加错。

三、实验任务

（1）循环码编码原理验证。

（2）循环码译码观测及纠错能力验证。

四、实验内容及步骤

（一）实验准备

1. 加电

打开系统电源开关（先打开实验台右侧面开关、再打开左侧开关），通过液晶显示屏和模块运行指示灯状态，观察实验平台加电是否正常。若加电状态不正常，请立即关闭电源，查找异常原因。

2. 选择实验内容

在液晶屏上根据功能菜单选择：实验项目→信道编译码实验→循环码编译

码及纠错性能验证，进入循环码编译码实验功能页面。

3. 信号线连接

使用信号连接线按照实验框图中的连线方式进行连接，并理解每个连线的含义。

（二）循环码编码原理验证

1. 基带数据设置及观测

使用逻辑分析仪分别观察2P6和3TP3。使用鼠标点击“基带设置”按钮，弹出16 bit拨码开关，修改数据速率及拨码开关，点击“设置”进行修改，观察示波器观测波形的变化，理解并掌握基带数据设置的基本方法。

2. 系统组帧原理观测

使用逻辑分析仪分别观测3TP5和3TP2（其中用示波器测试时3TP5可作为同步通道）。将基带数据设置为全“0”码，观察一组完整的组帧数据，分析全“0”码时，编码数据输出的内容。

3. 编码数据观测

逻辑分析仪保持步骤2观测点。修改基带数据的设置，观察编码数据输出，结合实验原理部分对帧结构的说明，分别记录基带数据和编码数据。多修改几组基带数据，记录对应的编码数据，验证编码是否正确。

4. 加错数据观测

通过实验框图上的“加错设置”按钮，可以对编码输出加错，16 bit分四组编码后为4 × 7 bit，每bit均能加错。修改加错四组拨码开关的加错数据，通过示波器观测加错前及加错后的数据，并分析加错位置。

注：四组拨码开关，分别对16 bit分成的四组数据循环码编码后数据进行加错。

（三）循环码译码观测及纠错能力验证

1. 循环码译码观测

使用逻辑分析仪分别观察2P6和6TP3，观测编码前数据和纠错译码后数据。将加错设置全部清零，通过“基带设置”修改基带数据，观察2P6和6TP3是否相同，是否有时延，如有时延，记录时延周期。

2. 循环码译码纠错能力验证

通过实验框图上的“加错设置”按钮，设置加错数据，观测基带数据和译码数据是否相同，加错时可以修改不同的加错图样。例如：每组编码加1 bit错误，加2 bit错误，……，加连续错误，加分散错误等各种不同的情况，以便对卷积码译码能力进行验证。

3. 循环码译码未纠错译码验证

使用逻辑分析仪分别观察2P6和6TP4，观测编码前数据和未纠错译码后数据，完成上面步骤的测量，分析加错对编码数据的影响。可以发现：加错位置在监督位，不会影响译码输出；加错位置在信息位，则影响译码输出。

（四）实验结束

实验结束，关闭电源：先关闭控制器PC机，再关闭左侧开关，最后关闭右侧面开关（右侧面开关为总电源），整理实验台，并按要求放置好实验附件和实验模块。

五、实验报告要求

（1）简述循环码编译码的工作原理及工作过程。

（2）根据测量结果，画出各点波形，附上推导过程。

第二节 数字调制解调技术

数字调制解调技术（digital modulation and demodulation technology）是传输数字信号特性与信道特性相匹配的一种数字信号处理技术。

按照基带数字信号对载波的振幅、频率和相位等不同参数所进行的调制，可把数字调制方式分为三种基本类型：幅度键控（ASK）、频移键控（FSK）和相移键控（PSK）。其他任何调制方式都是在这三种方式上的发展和组合。正交调幅QAM就是可以同时改变载波振幅和相位的调制方式，根据载波相位变化，调制分为两大类，即线性与非线性以及连续与不连续。前者是指在一个码元内相位路径的轨迹，后者是指在相邻码元转换点上相位路径是否连续。二相移相键控（BPSK）、四相移相键控（QPSK）、交错正交移相键控（OQPSK）属“不连续相位路径数字调制”；最小移频键控（MSK）属“线性连续相位路径数字调制”；正弦移频键控（SFSK）、平滑调频（TFM）、高斯滤波最小频移频键控（GMSK）属“非线性连续相位路径数字调制”。其中除了BPSK、QPSK、OQPSK之外，都可以看成调制指数 $h = 1/2$ 的连续相位移频键控（CPFSK）。

数字调制解调部分又区分了二进制调制解调和多进制调制解调，包含以下实验内容：

（1）二进制调制解调。

① ASK调制解调（本教程未选）。

② FSK调制解调。

③ PSK调制解调。

④ DPSK调制解调。

（2）多进制调制解调。

① QPSK调制解调。

② OQPSK调制解调。

③ DQPSK调制解调。

◉ 实验十三　FSK调制解调

一、实验目的

（1）掌握FSK调制器的工作原理及性能测试；

（2）学习基于软件无线电技术实现FSK调制解调的实现方法。

二、实验原理

（一）FSK调制电路工作原理

二进制频移键控（frequency shift keying，2FSK）信号是用载波频率的变化来传递数字信息，被调载波的频率随二进制序列0、1状态而变化。

2FSK信号的产生方法主要有两种：一种采用模拟调频电路来实现，另一种采用键控法来实现，即在二进制基带矩形脉冲序列的控制下通过开关电路对两个不同的独立频率源进行选通，使其在每一个码元期间输出f_0或f_1两个载波之一。

FSK调制和ASK调制比较相似，只是把ASK没有载波的一路修改为不同频率的载波，如图3-21所示。

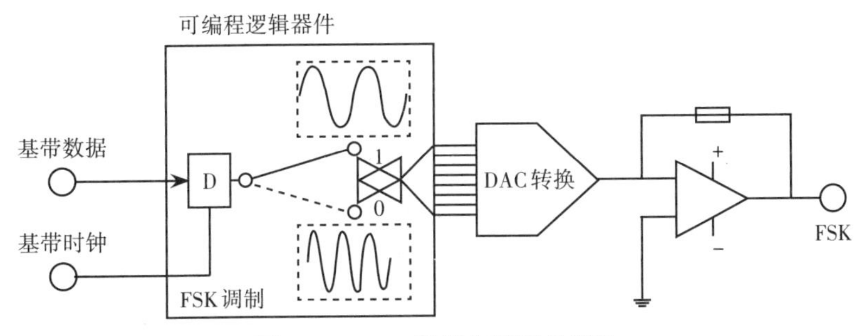

图3-21　FSK调制电路原理框图

图3-21中，将基带时钟和基带数据通过两个铆孔输入到可编程逻辑器件中，由可编程逻辑器件根据设置的工作模式，完成FSK的调制，因为可编程逻辑器件为纯数字运算器件，因此调制后输出需要经过D/A器件，完成数字到模拟的转换，然后经过模拟电路对信号进行调整输出，加入射随器，便完成了整个调制系统。2FSK调制信号波形如图3-22所示。

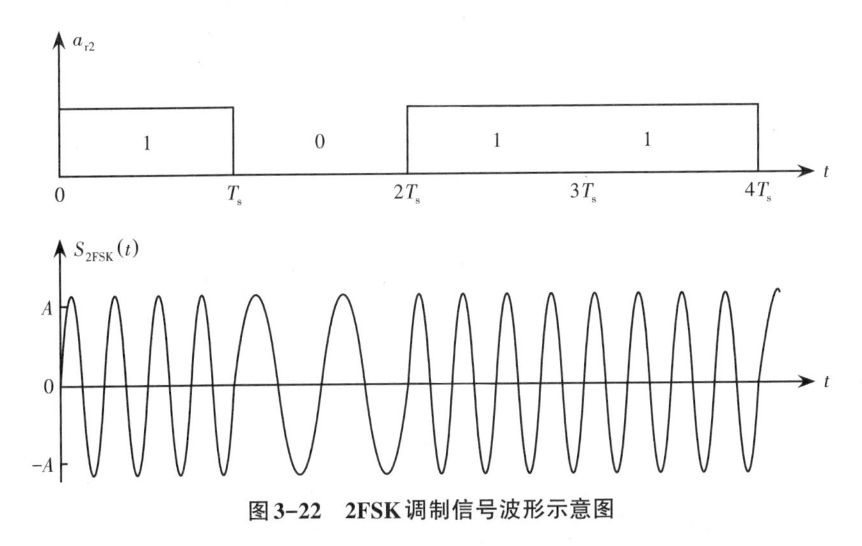

图3-22　2FSK调制信号波形示意图

在二进制频移键控中，幅度恒定不变的载波信号的频率随着输入码流的变化而切换（称为高音和低音，代表二进制的1和0）。通常，FSK信号的表达式为：

$$S_{FSK}=\sqrt{\frac{2E_b}{T_b}}\cos\left(2\pi f_c+2\pi\Delta f\right)t,\ 0\leqslant t\leqslant T_b\ （二进制1）$$

$$S_{FSK}=\sqrt{\frac{2E_b}{T_b}}\cos\left(2\pi f_c-2\pi\Delta f\right)t,\ 0\leqslant t\leqslant T_b\ （二进制0）$$

其中，Δf代表信号载波的恒定偏移。FSK的信号频谱如图3-23所示。

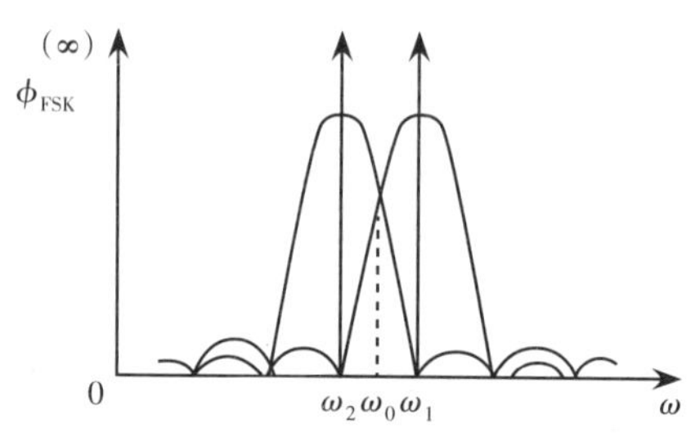

图3-23　FSK的信号频谱

假设信号带宽限制在主瓣范围，FSK信号的传输带宽Br，由Carson公式给出：

$$Br=2\Delta f+2B$$

其中，B为数字基带信号的带宽。

本实验平台缺省$f_c=24\,\text{kHz}$，$\Delta f=8\,\text{kHz}$，学生实验时可根据需要调整这两个参数。

基带速率可通过FSK调制解调系统框图“基带设置”按钮来调整，码型、码速均可改变。

（二）FSK解调工作原理

2FSK有多种方法解调，如包络检波法、相干解调法、鉴频法、过零检测法及差分检波法等。这里采用过零检测法，其原理框图如图3-24所示。

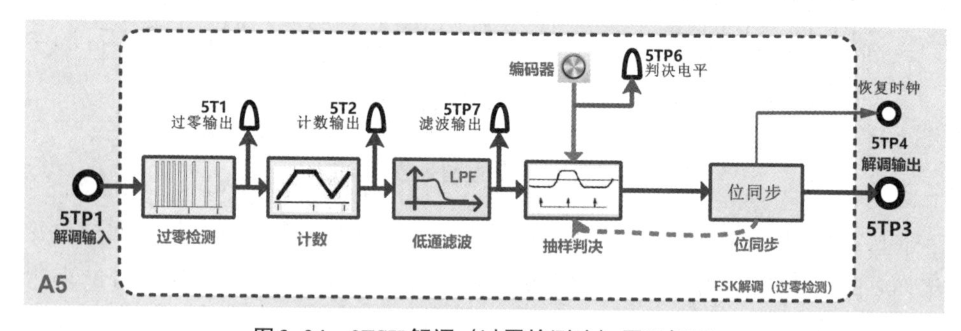

图3-24　2FSK解调（过零检测法）原理框图

解调过程中各测试点波形如图3-25所示。

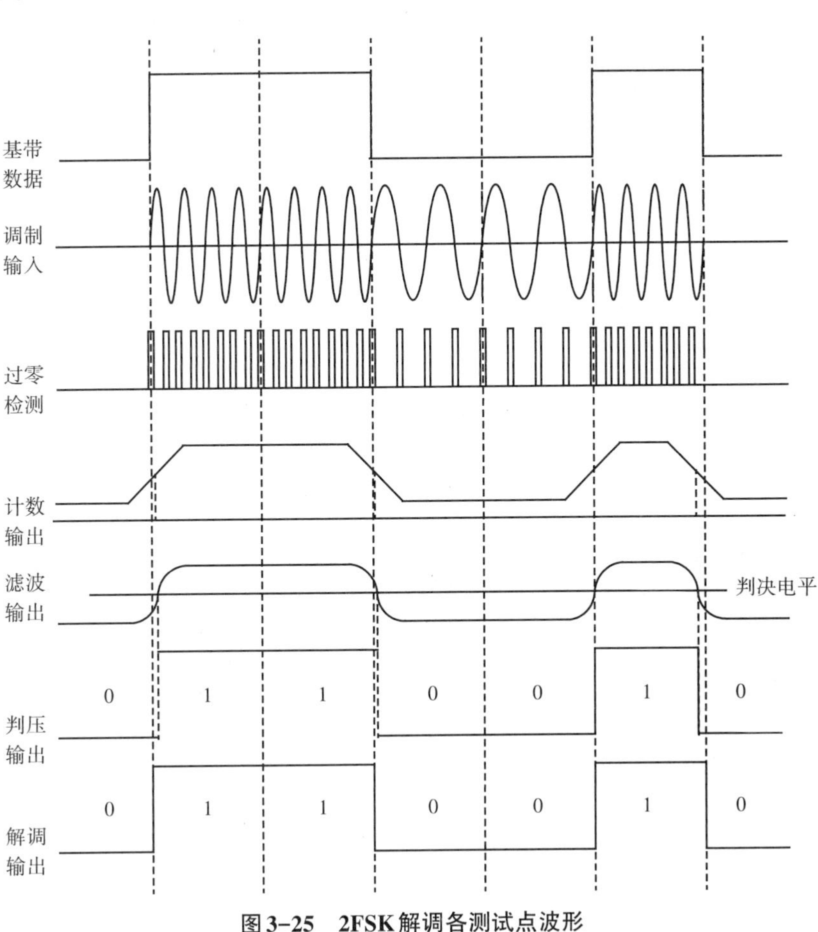

图3-25 2FSK解调各测试点波形

2FSK信号的过零点数随不同载频而异，故检出过零点数可以得到关于频率的差异。

如图3-25所示，2FSK已调信号从“5TP1”测试点送入FSK解调系统中，通过AD采样，得到的是对应波形的量化值。根据量化值大小，通过对调制信号上升过程过零点和下降过程过零点进行判断，从5T1（对应操作图中的5VT11）输出当前的过零点脉冲。

由于采用了不同的载波频率，因此在相同的时间内，不同的载波频率过零点脉冲数目不同，可以对当前的过零点脉冲进行计数，并将计数值通过DA输出到5T2（对应操作图中的5VT12）。

计数后输出经过滤波处理后，去除噪声的影响，得到判决前信号5TP7。

5TP7信号经过抽样判决同步再生，得到解调输出信号5TP3。用来作比较的判决电压电平可通过旋转“编码器”来调节，当前判决电压从5TP6输出。位同步时钟从5TP4输出。

（三）实验框图及功能说明

2FSK调制解调实验框图如图3-26。

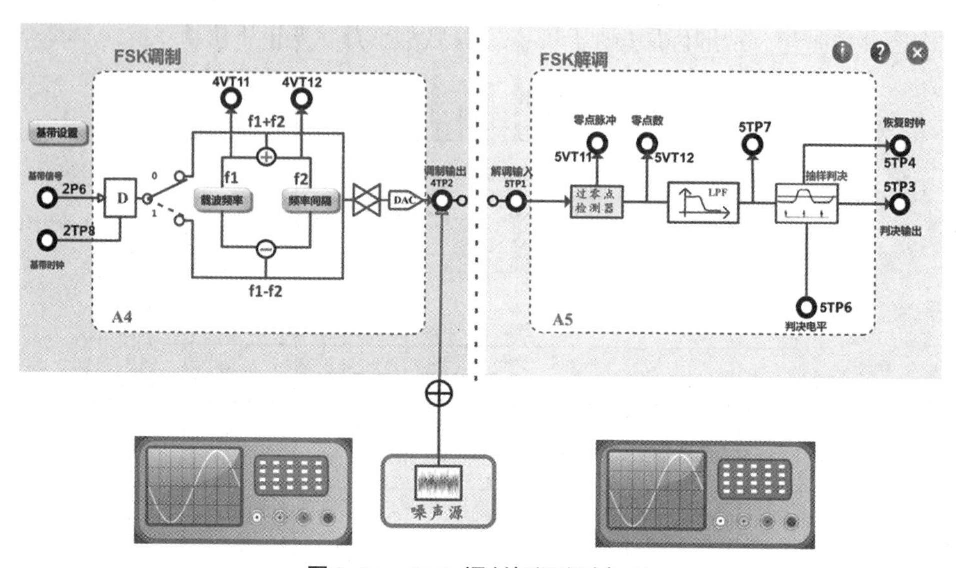

图3-26　2FSK调制解调实验框图

在实验中会使用三个实验模块：信源编码与复用模块A2，频带调制模块A4，频带解调模块A5。

其中模块A2产生基带信号，送给FSK调制单元进行调制，调制载波频率可以通过框图“载波频率”按钮进行修改。

FSK调制解调：FSK调制解调可以修改载波频率f_0和频率间隔f_Δ。两路载波频率分别为：$f_1=f_0+f_\Delta$；$f_2=f_0-f_\Delta$。例如，$f_0=24\,\text{kHz}$，频率间隔$f_\Delta=8\,\text{kHz}$，则$f_1=24+8=32\,\text{kHz}$，$f_2=24-8=16\,\text{kHz}$。

（四）框图中各个测量点说明

1. 信源编码与复用模块A2

（1）2P6：基带数据输出。

（2）2TP8：基带时钟输出。

2. 频带调制模块 A4

（1）4VT11：载波信号。

（2）4VT12：频差信号波形。

（3）4TP2：FSK调制输出。

3. 频带解调模块 A5

（1）5TP1：FSK解调信号输入。

（2）5VT11：过零点检测脉冲输出。

（3）5VT12：过零点计数输出。

（4）5TP7：过零点计数滤波输出。

（5）5TP6：判决电平输出。

（6）5TP4：恢复时钟输出。

（7）5TP3：解调数据输出。

三、实验任务

（1）FSK调制观测。

（2）FSK解调观测。

（3）FSK系统性能分析。

四、实验内容及步骤

（一）实验准备

1. 加电

打开系统电源开关（先打开实验台右侧面开关、再打开左侧开关），通过液晶显示屏和模块运行指示灯状态，观察实验平台加电是否正常。若加电状态不正常，请立即关闭电源，查找异常原因。

2. 选择实验内容

在液晶屏上根据功能菜单选择：实验项目→二进制数字调制解调→FSK调制解调，进入FSK调制解调实验功能页面。

（二）FSK调制观测

1. FSK两个载波观察

用鼠标单击“基带设置”按钮，基带数据选择“16比特”“2K”，然后分别设置为全“1”码和全“0”码，用示波器观测4TP2，分别观测两个载波信号频率。

调整载波频率f_0和频率分离f_Δ，观察两路载波频率的变化（默认：载波频率f_0为“24K”和频率分离f_Δ为“8K”）。

2. FSK调制信号时域观测

改变基带信号（“15-PN”或“16比特”；速率“2K”），示波器通道1测基带信号2P6，并作示波器同步通道；用示波器通道2观测4TP2调制信号，分析FSK调制信号时域特性。

调整载波频率f_0和频率分离f_Δ，观察FSK调制信号的变化。

3. FSK调制信号频域观测

采用频谱仪或示波器的FFT功能，观测分析FSK调制信号4TP2的频谱特性。

调节载波频率f_0和频率分离f_Δ，观察频谱特性的变化。修改基带信号的设置（如全“0”码，全“1”码，伪随机序列，自设16 bit数据），观测调制信号的频谱变化，和基带信号频谱结合，分析基带信号经FSK调制后频谱的变化情况。

分析FSK调制信号的带宽与基带信号速率、两路载波频率的关系。

（三）FSK解调观测

1. FSK解调过零点输出观测

在实验中，FSK解调采用了过零点检测法。

示波器同时观测FSK调制输入5TP1和调制信号过零输出5VT11，观测FSK调制经过过零点检测后的波形，再观测不同时刻过零点脉冲疏密的区别。

2. 过零点计数输出观测

示波器同时观测过零点输出5VT11和计数输出5VT12，观察脉冲计数输出的波形，分析其关系。

3. 计数输出滤波后输出观测

示波器同时观测计数输出5VT12和滤波后输出5TP7，对比滤波前后波形的变化。

4. 判决输出观测

示波器同时观测判决前5TP7和判决后输出5TP3，结合当前的判决电平5TP6，判断判决后数据是否正确。用鼠标修改当前的判决电平，观测5TP6的变化以及判决后5TP3的变化情况。

观测在不同判决电平下的判决输出，分析解调对判决电平有什么要求。

5. 修改参数重新观测

通过“载波频率”按钮，尝试逐渐修改FSK调制端载波频率和频率分析，通过观测解调端各部分输出，分析载波频率对解调端的影响。

6. 基带速率与FSK调制带宽关系

（1）保持原来载波频率不变，改变基带信号速率为“4K”或“8K”，观测FSK能否解调。

（2）分析思考FSK解调时，基带信号、载波频率需要满足什么条件。

（四）FSK系统性能分析

1. FSK系统眼图观测

示波器一个通道接5TP4，并用这一通道作触发源，另一通道测5TP7；示波器Display菜单中余辉设为“20”，观测眼图。

2. 频偏和基带速率关系分析

设载波频率为“24K”，频偏为“8K”，分别观测基带速率为“2K”“4K”“8K”时FSK解调性能。

（五）噪声对系统的影响

改变噪声的大小，观测并记录对系统输出5TP3的明显影响。

（六）实验结束

实验结束，关闭电源：先关闭控制器PC机，再关闭左侧开关，最后关闭右侧面开关（右侧面开关为总电源），整理实验台，并按要求放置好实验附件和实验模块。

五、实验报告要求

（1）完成实验内容，记录实验相关波形及数据。
（2）叙述FSK调制的工作原理。
（3）描述FSK过零点检测解调的工作原理。

六、思考题

（1）当FSK载频分别为32 kHz和16 kHz时，FSK能准确解调的基带信号速率是多少？为什么？

（2）如果要传输“64K”的基带数据，尝试设计一个合理的载波频率。

◉ 实验十四　BPSK调制解调

一、实验目的

（1）掌握BPSK调制解调的工作原理及性能要求；
（2）进行BPSK调制、解调实验，掌握相干解调原理和载波同步方法；
（3）理解BPSK相位模糊的成因，思考解决办法。

二、实验原理

（一）BPSK调制原理

二进制相移键控（phase shift keying，2PSK）信号是用载波相位的变化表征被传输信息状态的，通常规定0相位载波和π相位载波分别代表传1和传0。（本节的PSK都是指BPSK）如图3-27。

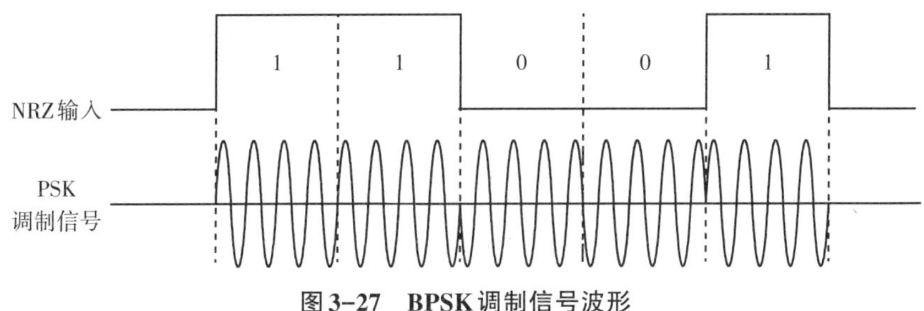

图3-27 BPSK调制信号波形

BPSK调制由频带调制模块A4模块完成，该模块基于FPGA和DA芯片，采用软件无线电的方式实现频带调制。如图3-28。

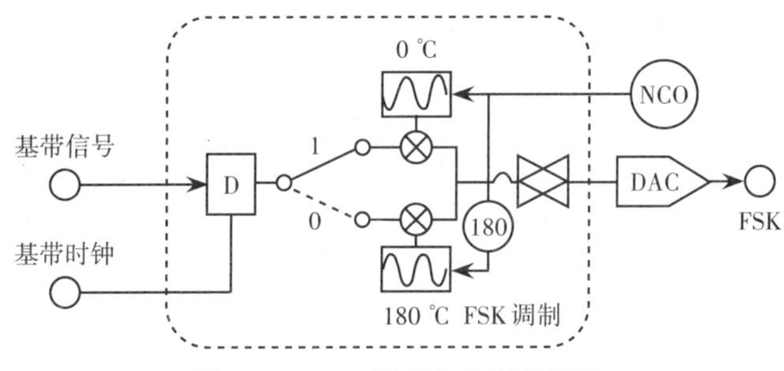

图3-28 PSK调制电路原理框图

图3-28中，基带数据和时钟通过两个铆孔输入FPGA中，FPGA软件完成BPSK的调制后，再经DA数模转换即可输出相位键控信号，输出调制后的信号。

（二）BPSK解调原理

实验中，BPSK信号的解调采用相干解调法，要从调制信号中提取相干载波，在实验中采用数字Costas环（科斯塔斯环）提取相干载波，二相PSK（DPSK）解调器采用数字Costas环解调，其原理如图3-29所示。

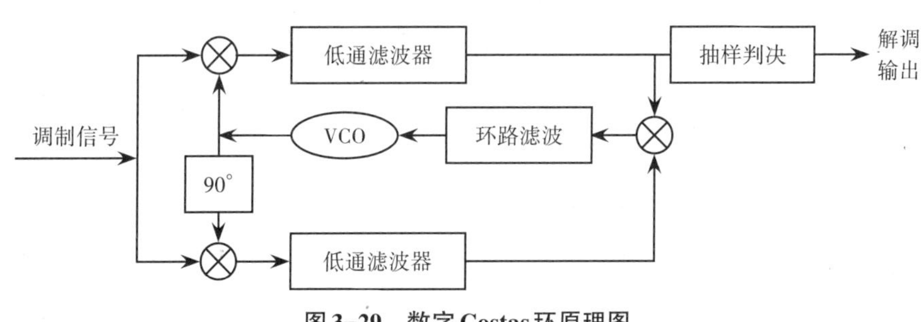

图3-29 数字Costas环原理图

设已调信号表达式为$s(t)=A_1\times\cos(\omega t+\varphi(t))$（$A_1$为调制信号的幅值），经过乘法器与载波信号$A_2\cos\omega t$（$A_2$为载波的幅值）相乘，得：

$$e_0(t)=\frac{1}{2}A_1A_2\left[\cos\left(2\omega t+\varphi(t)\right)+\cos\varphi(t)\right]$$

可知，相乘后包括二倍频分量$\frac{1}{2}A_1A_2\cos\left(2\omega t+\varphi(t)\right)$和$\cos\varphi(t)$分量（$\varphi(t)$为时间的函数）。因此，需经低通滤波器除去高频成分$\cos\left(2\omega t+\varphi(t)\right)$，得到包含基带信号的低频信号，同相端和正交端两路信号相乘，其差值作为环路滤波器的输入，然后控制VCO载波频率和相位，得到和调制信号同频同相的本地载波。

I路输出（即同相端）滤波输出包含基带信号，因此进行抽样判决和基带同步后，即可解调出基带信号。BPSK解调各测试点波形如图3-30所示。

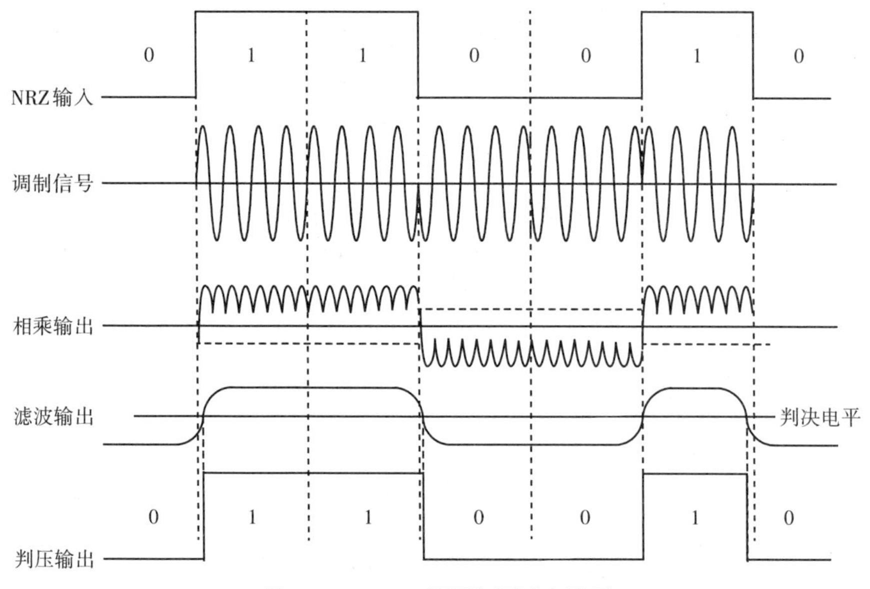

图3-30　BPSK解调各测试点波形

（三）实验框图及功能说明

PSK调制解调框图如图3-31。

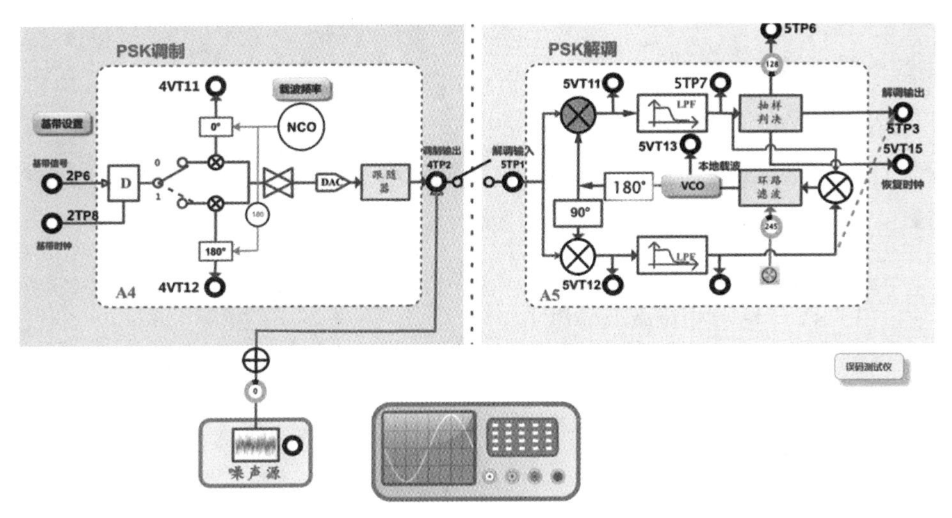

图 3-31　PSK 调制解调框图

本实验中需要用到以下三个功能模块：

1. 信源编码与复用模块 A2

模块完成基带信号产生功能。其中基带信号产生过程：从 2P6 输出基带信号，2TP8 输出基带时钟（时钟速率可以设置）；点击框图中“基带设置”按钮，可以修改基带信号输出的相关参数。

2. 频带调制模块 A4

模块完成输入基带信号的 BPSK 调制，基带信号和基带时钟分别从 2P6 和 2TP8 输入，调制后信号从 4TP2 输出。调制载波频率默认为 128 kHz，通过“载波频率”旋钮可修改，修改范围为 128 ~ 1024 kHz。

3. 频带解调模块 A5

模块对输入的 PSK 调制进行解调，解调采用相干解调法。其中载波提取采用了数字 Costas 环，Costas 环 VCO 中心频率可自动锁定，Costas 环各个部分均有输出可以测量。

注：在流程图中，可以通过框图上的按钮修改实验中输出的参数。

（1）解调输出选择：BPSK Costas 环中只有 BPSK 和本地载波同相或反相的那路才能解出基带数据，正交的那路不能解出基带数据。做实验时，可以用鼠标点击环路左侧的两个 ⊗ 按钮选择进入抽样判决电路的信号。

（2）相位模糊观测：用鼠标点击 ⊗ 按钮，相干载波会反相，输出数据也会反相。

（四）测量点说明

1. 信源编码与复用模块A2

（1）2P6：基带数据输出。

（2）2TP8：基带时钟输出。

2. 频带调制模块A4

（1）4VT11：0相位载波输出。

（2）4VT12：π相载波输出。

（3）4TP2：PSK调制输出。

3. 频带解调模块A5

（1）5TP1：解调信号输入。

（2）5VT13：本地载波输出。

（3）5VT12：I路相干输出。

（4）5VT11：Q路相干输出。

（5）5VT15：恢复时钟输出。

（6）5VT17：I路滤波输出。

（7）5TP6：判决电平输出。

（8）5TP3：解调数据输出。

（9）5VT16：Q路滤波输出。

三、实验任务

（1）BPSK调制观测。

（2）BPSK解调分析。

（3）BPSK系统性能分析。

四、实验内容及步骤

（一）实验准备

1. 加电

打开系统电源开关（先打开实验台右侧面开关、再打开左侧开关），通过液晶显示和模块运行指示灯状态，观察实验平台加电是否正常。若加电状态不正常，请立即关闭电源，查找异常原因。

2. 选择实验内容

使用鼠标在液晶屏上根据功能菜单选择：实验项目→二进制数字调制解调→PSK调制解调，进入PSK调制解调实验页面。

（二）PSK调制观测

1. 基带数据设置及时域观测

使用双踪示波器分别观察2P6和2TP8，使用鼠标点击“基带设置”按钮，设置基带速率为“15-PN”“64K”，点击“设置”按钮进行修改。观察示波器波形的变化，理解并掌握基带数据设置的基本方法。

2. 基带数据频域观测

采用频谱仪或示波器的FFT功能，观测分析2P6的频谱特性。思考将信号进行BPSK调制频谱会有什么变化。

3. BPSK调制信号时域观测

用示波器通道1观测2P6，通道2观测BPSK调制信号4TP2，分析BPSK调制后，基带信号和载波相位对应关系。

4. BPSK调制信号频谱观测

采用频谱仪或示波器的FFT功能，观测分析BPSK调制信号4TP2的频谱特性。

通过“载波频率”旋钮修改载波频率，观察频谱特性的变化。

修改基带信号时钟速率，设置为“64K”“128K”，观测调制信号的频谱变化。

和基带信号频谱结合，分析基带信号经BPSK调制后频谱的变化情况。分析BPSK调制信号的带宽与基带信号速率、载波频率的关系。

（三）BPSK解调观测

1. Costas环载波输出观测

用示波器通道1观测调制端载波4VT11，作为同步通道；通道2观测Costas环载波输出5TV13；观察当前本地载波频率为多少，是否已经锁定。

2. 判决前电平观测

在BPSK解调时，Costas环中只有和载波同相的那路才能解出基带数据，正交的那路不能解出基带数据，用鼠标点击环路左侧的两个 ⊗ 按钮，可以分别选择进入判决电路的信号为同相端或正交端。

用示波器通道1观测基带时钟2TP8，作为同步通道；通道2观测Costas环判决前信号5TP7，分析判决前信号是否正确；通过点击同相端和正交端 ⊗ 按钮，切换两路信号。

3. BPSK判决后观测

用示波器一个通道观测基带数据2P6，作为同步通道；另一个通道观测Costas环同相端（I路）判决后信号5TP3，分析判决后信号是否正确（如信号反向，也视为相同）。

用鼠标调节判决电平，观察判决输出的变化，将判决输出调节到最佳状态。

4. BPSK相位模糊观察

BPSK解调时，如果本地载波和调制信号载波反相，则输出的基带数据也会反相，这就是相位模糊，实验中用两种方法观测相位模糊的现象。

系统增加了人为修改载波相位的功能，通过框图中“VCO”按钮，可以人为地将载波相位修改为反向（调整180°），可以切换正常状态和相位模糊状态。

基带速率设置为“32K”，数据设为“010101010101 01”，载波设为“128K”；发端示波器一个通道测2P6，另一通道测4TP2，观测0电平起始相位。

收端示波器接5TP1和5TP3，正确解调时观测解调信号0电平起始相位，如果和发端不一致表明相位模糊。通过切换按钮观测相位模糊的现象，并思考如何解决相位模糊的现象。

（四）PSK系统性分析

载波频率、基带速率、环路滤波器参数间关系分析见表3-14。

表3-14　载波频率、基带速率、环路滤波器参数间关系分析

序号	载波频率 / kHz	基带速率 / kHz	判决电平	环路滤波器参数范围	能否解调
1	128	4			
2	128	8			
3	128	16			

表3-14（续）

序号	载波频率 / kHz	基带速率 / kHz	判决电平	环路滤波器参数范围	能否解调
4	128	32			
5	128	64			

（五）噪声对系统的影响

改变噪声的大小，观测系统输出的变化，并记录相应误码的变化。

（六）实验结束

实验结束，关闭电源：先关闭控制器PC机，再关闭左侧开关，最后关闭右侧面开关（右侧面开关为总电源），整理实验台，并按要求放置好实验附件和实验模块。

五、实验报告要求

（1）完成实验步骤，记录实验中相关数据及波形。
（2）叙述Costas环工作原理。
（3）定性画出Costas环流程图中各点波形。
（4）定性描述载波频率、基带速率、环路滤波器参数间关系。

六、思考题

（1）什么是相位模糊？PSK解调为什么会有相位模糊，如何解决相位模糊的问题？
（2）如何通过编程完成PSK调制算法？

七、实验注意

（1）基带要低于512 kHz。
（2）判决电平128 dB左右。
（3）环路滤波器设置为245（默认）。

（4）载波频率不低于两倍基带频率。

◉ 实验十五　DPSK调制解调

一、实验目的

（1）掌握差分编码与差分译码的原理及实现方法；
（2）掌握DPSK调制与解调的原理及实现方法；
（3）由"倒π"现象分析DPSK调制方式。

二、实验原理

（一）差分编码与差分译码

DPSK调制是在原BPSK调制的基础上增加了差分编码的过程。

差分编码电路原理如图3-32所示，它是由异或门与D触发器组成。基带信号作为异或门的一个输入端，另一输入端接到D触发器的输出端，而异或门的输出作为D触发器的输入。

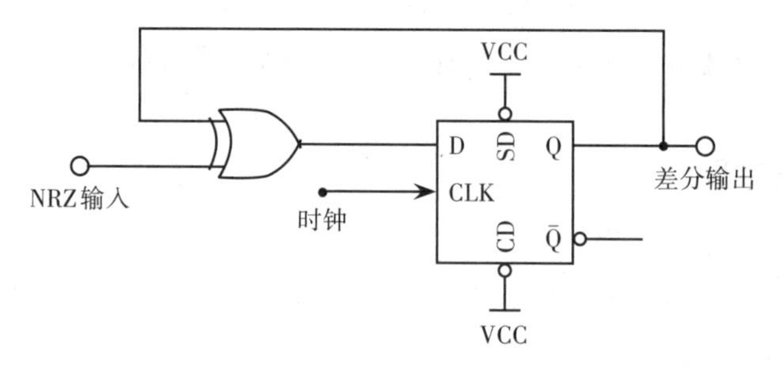

图3-32　差分编码电路原理

设差分输出上一时刻为0，当前时刻输入数字信号1，此时有异或门的输出为1，当位同步的上升沿到来时，D触发器输出1。在下一时刻，数字信号输入为0，异或门另一输入端为D触发器当前时刻的输出为1，故异或门的输出仍为1，当位同步的上升沿到来时，D触发器输出1，如下所示。

NRZ输入　1　0　1　1　0　1
差分输出　0　1　1　0　1　1　0

差分译码的过程和差分编码正好相反，信号先输入到D触发器，同时作为异或门的一个输入端，异或门的另一输入端为D触发器的输出，因此差分译码的实质就是此刻的状态和前一时刻的状态的异或，如图3-33所示。

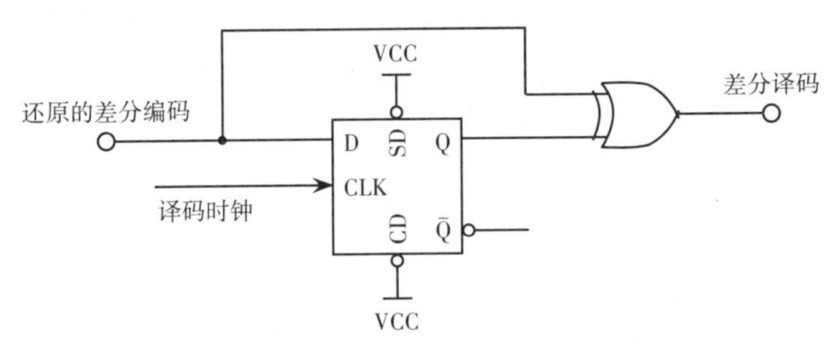

图3-33　差分译码电路原理

（二）DPSK调制解调

在BPSK解调中，如解调用的相干载波与调制端的载波相位反相时，则解调出的基带信号恰与原始基带信号反相，这就是BPSK解调中的“倒π”现象。在BPSK的实验中，我们观察到相位模糊（“倒π”）的现象，但是如何解决相位模糊的问题呢？在实际系统中一般通过DPSK的方法解决该问题。即在调制前，先对输入的基带信号进行差分编码（绝对码-相对码转换），然后对解调后的信号进行差分译码（相对码-绝对码转换），还原出基带信号，通过这个方法，即使出现相位模糊的情况，也不会影响最终的解调输出。通俗来讲，DPSK调制解调是在BPSK的基础上增加了差分编码和差分译码。

DPSK调制信号如图3-34所示。

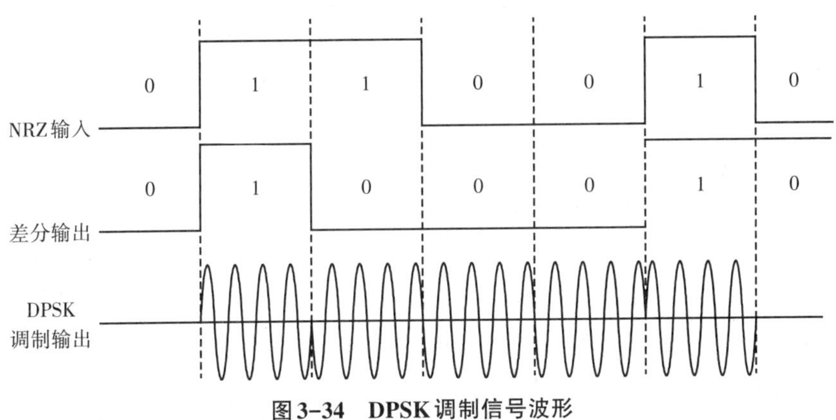

图3-34　DPSK调制信号波形

在DPSK解调中，无论解调用的相干载波与调制端的载波相位同相或反相，解调出的基带信号与原始基带信号同相。究其原因，在于2DPSK调制前基带信号经过差分变换，从而将用载波初始相位表征基带信号的方式（BPSK）改变为用前后载波的相位差表征基带信号，这样只要在传输中这种前后载波相位差不发生变化，即使解调用的相干载波反相也不会影响逆差分变换后的结果。这就是2DPSK为什么能够抑制BPSK解调中的“倒π”现象的原因。

（三）实验框图说明

DPSK调制解调流程图如图3-35。

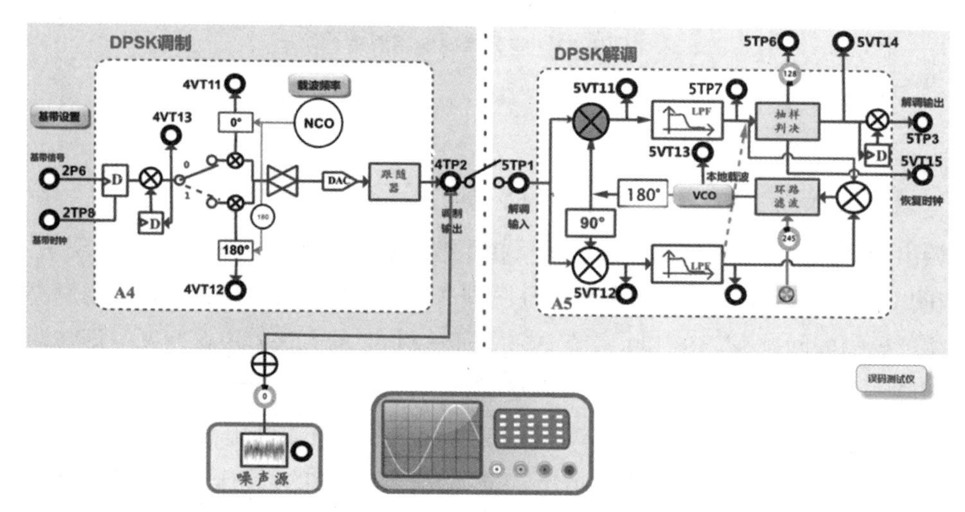

图3-35　DPSK调制解调流程图

框图说明：

本实验中需要用到以下三个功能模块：

1. A2（信源编码与复用模块）

模块完成基带信号产生功能。其中，基带信号产生：从2P6输出基带信号，2TP8输出基带时钟（时钟速率可以设置）。

点击框图中“基带设置”按钮，可以修改基带信号输出的相关参数。

2. A4（频带调制模块）

模块完成输入基带信号的DPSK调制，调制后信号从4TP2输出。由于DPSK直接对基带信号进行差分编码后再进行调制，因此输入的为2P6基带信号，输出为DPSK信号。调制载波频率默认为128 kHz，通过“载波频率”旋钮可修改，修改范围为128 ~ 1024 kHz。

3. A5（频带解调模块）

模块对输入的DPSK调制进行解调，解调采用相干解调法，其解调同BPSK。其中载波提取采用了硬件电路的Costas环，Costas环VCO中心频率可调节。

注：在流程图中，可以通过框图上的按钮修改实验中输出的参数。

解调输出选择：PSK Costas环中只有PSK和本地载波同相或反相的那路才能解出基带数据，正交的那路不能解出基带数据，实验时可以用鼠标点击环路左侧的两个⊗按钮选择进入抽样判决电路的信号。

（四）框图中各个测量点说明

1. 信源编码与复用模块A2

（1）2P6：基带数据输出。

（2）2TP8：基带时钟输出。

2. 频带调制模块A4

（1）4VT11：0相载波输出。

（2）4VT12：π相载波输出。

（3）4TP2：DPSK调制输出。

3. 频带解调模块A5

（1）5TP1：解调信号输入。

（2）5VT13：本地载波输出。

（3）5VT11：I路相干输出。

（4）5VT12：Q路相干输出。

（5）5TP7：I路滤波输出。

（6）5TP6：判决电平输出。

（7）5TP3：解调数据输出。

三、实验任务

（1）DPSK调制观测。

（2）DPSK解调观测。

四、实验内容及步骤

（一）实验准备

1. 加电

打开系统电源开关（先打开实验台右侧面开关、再打开左侧开关），通过液晶显示和模块运行指示灯状态，观察实验平台加电是否正常。若加电状态不正常，请立即关闭电源，查找异常原因。

2. 选择实验内容

使用鼠标在液晶屏上根据功能菜单选择：实验项目→数字调制解调实验→DPSK调制解调，进入DPSK调制解调实验页面。

（二）DPSK调制观测

1. 差分编码观测（绝对码-相对码转换）

使用鼠标点击“基带设置”按钮，基带数据设置为：“15-PN”“128K”，点击“设置”进行修改。使用示波器通道分别观察：绝对码2P6和对应的相对码4VT13，分析差分编码输出是否正确。

将基带数据设置为：“16比特”“128K”，自设16 bit拨码开关，观察绝对码-相对码转换是否正确。

2. DPSK调制观测

使用双踪示波器分别观测：绝对码2P6，相对码4VT13，DPSK调制输出4TP2，分析DPSK调制信号和绝对码及相对码的关系。分析其和BPSK调制的区别。

（三）DPSK解调观测

1. DPSK解调观测

调节解调模块框图中的判决电平和环路滤波器参数用示波器观测5TP3。点击 ⊗ 按钮可切换I路或Q路输出。

2. DPSK相位模糊观测

基带速率设置为“32K”，数据设为“01010101010101”，载波设为“128K”；发端示波器一个通道测基带数据4VT13，另一通道测4TP2，观测调制信号0电平起始相位。

收端示波器接5TP1和5TP7，正确解调时观测解调信号0电平起始相位，如果和发端不一致表明相位模糊；通过切换 VCO 按钮观测相位模糊的现象，并思考如何解决相位模糊的现象。

基带速率设置为“32K”，数据设为“01010101010101”，载波设为“128K”；发端示波器一个通道测基带数据2P6，另一通道测4TP2，观测调制信号0电平起始相位。

收端示波器接5TP1和5TP3，正确解调时观测解调信号0电平起始相位，切换 VCO 按钮观测相位模糊，说明相对编码的作用。

（四）实验结束

实验结束，关闭电源：先关闭控制器PC机，再关闭左侧开关，最后关闭右侧面开关（右侧面开关为总电源），整理实验台，并按要求放置好实验附件和实验模块。

五、实验报告要求

完成实验步骤，记录实验中相关数据及波形。叙述差分编码和差分译码的原理。

六、思考题

如何通过编程完成DPSK调制算法？

七、实验注意

（1）基带要低于512 kHz。

（2）判决电平128 dB左右。

（3）环路滤波器设置为245（默认）。

（4）载波频率不低于两倍基带频率。

◉ 实验十六　QPSK调制解调

一、实验目的

（1）了解多进制数字调制与解调的概念；
（2）掌握QPSK调制及解调的原理及实现方法；
（3）了解QPSK调制的A方式及B方式以及对应的星座图；
（4）了解QPSK的相位模糊情况，并思考解决办法。

二、实验原理

（一）多进制数字调制与解调

带通二进制键控系统中，每个码元只传输1 bit信息，其频带利用率不高。为了提高频带利用率，最有效的办法是使一个码元传输多个比特的信息。这就是多进制键控体制。

多进制数字调制是利用多进制数字基带信号去调制载波的振幅、频率或相位。因此，相应地有多进制数字振幅调制（MASK）、多进制数字频率调制（MFSK）以及多进制数字相位调制（MPSK）3种基本方式。

由于多进制数字已调信号的被调参数有多个可能取值，因此，与二进制数字调制相比，多进制数字调制具有以下两个特点。

（1）在相同的码元传输速率下，多进制系统的信息传输速率显然比二进制系统的高。

（2）在相同的信息速率下，由于多进制码元传输速率比二进制的低，因而多进制信号码元的持续时间要比二进制的长。显然，增大码元宽度，就会增加码元的能量，并能减小由于信道特性引起的码间干扰的影响等。

（二）QPSK调制

正交相移键控（quadrature phase shift keying，QPSK）又叫四相绝对相移调制，利用载波的四种不同相位来表征数字信息。由于每一种载波相位代表两个比特信息，故每个四进制码元又被称为双比特码元。把组成双比特码元的前一信息比特用I代表，后一信息比特用Q代表。双比特码元中两个信息比特IQ通常是按格雷码排列的，它与载波相位的关系如表3-15所示，矢量关系如图3-36所示。其中图（a）表示A方式时QPSK信号的矢量图，图（b）表示B方式时QPSK信号的矢量图。

双比特码元与载波相位关系见表3-15。

表3-15 双比特码元与载波相位关系

双比特码元		载波相位	
I	Q	A方式	B方式
0	0	0°	225°
1	0	90°	315°
1	1	180°	45°
0	1	270°	135°

由图3-36可知，QPSK信号的相位在（0°，360°）内等间隔地取四种可能相位。由于正弦和余弦函数的互补特性，对应载波相位的四种取值，比如在A方式中为0°，90°，180°，270°，则其成形波形幅度有三种取值，即±1和0；比如在B方式中为45°，135°，225°，315°，则其成形波形幅度有两种取值，即$\pm\sqrt{2}/2$。

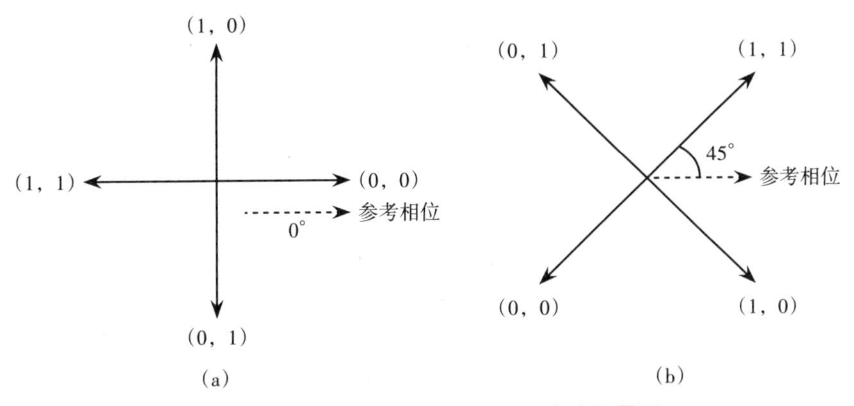

图3-36 QPSK信号的A和B调制方式矢量图

QPSK信号可以表示为：$e_0(t) = I(t)\cos\omega t + Q(t)\sin\omega t$，其中$I(t)$称为同相分量，$Q(t)$称为正交分量。根据上式可以得到QPSK正交调制器的方框图，实验中用调相法产生QPSK调制信号的原理框图如图3-37所示。

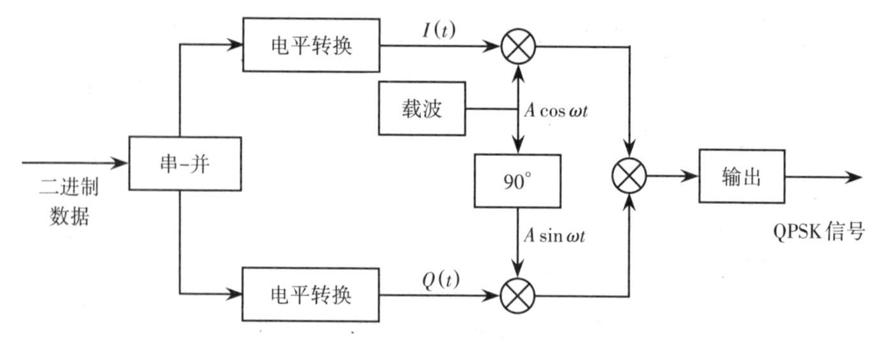

图3-37　QPSK系统调制器原理框图

从图3-37中可以看出，QPSK调制器可以看作由两个BPSK调制器构成，输入的二进制信息序列经过串并转换，分成两路速率减半的序列$I(t)$和$Q(t)$，然后对$\cos\omega t$和$\sin\omega t$进行调制，相加后即可得到QPSK信号。经过串并变换之后的两个支路，一路为单数码元，另一路是偶数码元，这两个支路为正交，一个称为同相支路，即I支路，另一个称为正交支路，即Q支路。将两路调制信号叠加，即I路调制与Q路调制信号加法器相加，得QPSK调制信号输出。

QPSK信号相位编码逻辑关系如表3-16所示。

表3-16　QPSK信号相位编码逻辑关系（B方式）

DI	0	0	1	1
DQ	0	1	0	1
I路成形	$-\sqrt{2}/2$	$-\sqrt{2}/2$	$+\sqrt{2}/2$	$+\sqrt{2}/2$
Q路成形	$-\sqrt{2}/2$	$+\sqrt{2}/2$	$-\sqrt{2}/2$	$+\sqrt{2}/2$
I路调制	180°	180°	0°	0°
Q路调制	180°	0°	180°	0°
合成相位	225°	135°	315°	45°

同理，根据A方式QPSK信号的矢量图，有相位编码逻辑关系表3-17。

表3-17　QPSK信号相位编码逻辑关系（A方式）

DI	0	0	1	1
DQ	0	1	0	1
I路成形	+1	0	0	-1

表3-17（续）

DI	0	0	1	1
Q路成形	0	-1	+1	0
I路调制	0°	无	无	180°
Q路调制	无	180°	0°	无
合成相位	0°	270°	90°	180°

表中，“无”表示乘法器相乘后无载波输出。另外，因为Q路与I路是正交的，所以Q路的0°相位相当于合成相位的90°，Q路的180°相位相当于合成相位的270°。

（三）QPSK解调

由于QPSK可以看作是两个正交BPSK信号的叠加，故它可以采用与BPSK信号类似的解调方法进行解调，即由两个BPSK信号相干解调器构成，其原理框图如图3-38所示。

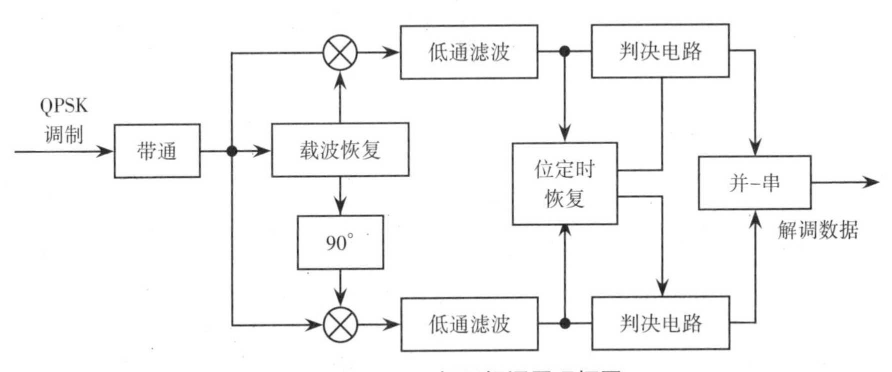

图3-38　QPSK相干解调原理框图

QPSK信号可以采用相干解调法，用数字Costas环提取本地同步载波，两个正交的载波信号实现相干解调。通过载波恢复电路，产生相干载波，分别将同相载波和正交载波提供给同相支路和正交支路的相关器，经过低通滤波、位同步提取，抽样判决和并串转换，即可恢复原来的二进制信息。但在实际解调时，由于提取的同步载波可能和调制信号中的四种相位中的任意一种同相，其中只有一种可解调出正确的结果，另外三种则会产生相位模糊的情况。在相位模糊的情况下，无法解调出正确的基带信号。

（四）实验框图及功能说明

QPSK调制解调框图如图3-39。

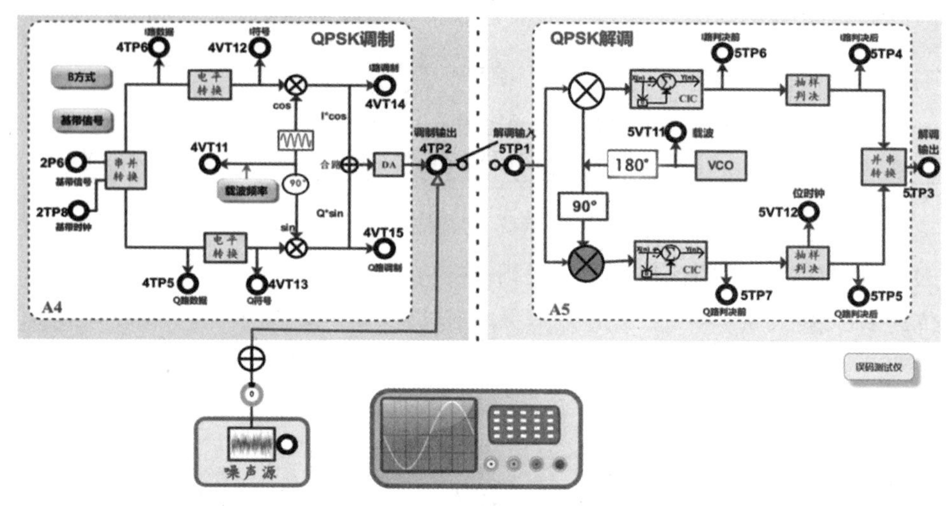

图3-39　QPSK调制解调框图

框图说明：

本实验中需要用到以下三个功能模块：

1. 信源编码与复用模块A2

模块完成基带信号产生功能。其中基带信号产生：从2P6输出基带信号，2TP8输出基带时钟（时钟速率可以设置）；点击框图中“基带设置”按钮，可以修改基带信号输出的相关参数，实验时建议使用64KHz或128KHz基带信号。

2. 频带调制模块A4

模块完成对输入基带信号的QPSK调制，调制模块首先将基带信号进行串并转换，分为I，Q两路进行输出，然后将I，Q两路基带数据进行符号映射，之后将*I*乘以同相（cos）载波，*Q*乘以正交（sin）载波，然后将两路信号相加得到调制信号，调制后信号从4TP2输出。

通过“载波频率”按钮，可以修改调制载波的频率，修改范围为128～4096 kHz，步进值为128 kHz。

3. 频带解调模块A5

模块对输入的QPSK调制进行解调，解调采用相干解调法。其中载波提取采用了数字Costas环电路，Costas环VCO中心频率可自动锁定，可从5VT11观测本地载波。输入的调制信号和本地提取的同相（cos）及正交（sin）载波先相乘，相乘后分别进行低通滤波，滤波后信号可以从5TP6和5TP7观测解调信号，也可用两个测量点使用示波器的XY模式观测星座图。之后将5TP6和5TP7的信号进行位同步提取及抽样判决，判决后信号从5TP4和5TP5输出，最后将两路信号完成并串转换，从5TP3输出。

（五）框图中各个测量点说明

1. 信源编码与复用模块A2

（1）2P6：基带数据输出。

（2）2TP8：基带时钟输出。

2. 频带调制模块A4

（1）4TP6：I路调制数据输入。

（2）4TP5：Q路调制数据输入。

（3）4VT12：I路符号数据。

（4）4VT13：Q路符号数据。

（5）4VT11：调制端载波。

（6）4VT14：I路调制输出。

（7）4VT15：Q路调制输出。

（8）4TP2：QPSK调制输出。

3. 频带解调模块A5

（1）5TP1：解调信号输入。

（2）5VT11：本地载波输出。

（3）5TP6：I下变频输出。

（4）5TP7：Q下变频输出。

（5）5TP4：I路判决信号输出。

（6）5TP5：Q路判决信号输出。

（7）5VT12：本地位时钟提取。

（8）5TP3：解调数据输出。

三、实验任务

（1）QPSK调制测试。

（2）QPSK解调测试。

（3）QPSK相位模糊解决方法。

四、实验内容及步骤

（一）实验准备

1. 加电

打开系统电源开关（先打开实验台右侧面开关、再打开左侧开关），通过液晶显示和模块运行指示灯状态，观察实验平台加电是否正常。若加电状态不正常，请立即关闭电源，查找异常原因。

2. 选择实验内容

使用鼠标在液晶屏上根据功能菜单选择图标，在实验列表中选择：多进制数字调制解调→QPSK调制解调，进入QPSK调制解调实验页面。

（二）QPSK调制观测

1. 基带数据设置及时域观测

使用示波器分别观察2P6和2TP8，使用鼠标点击“基带设置”按钮，设置基带速率为“15-PN”“128K”，点击“设置”进行修改。观测基带数据的变化，理解并掌握基带数据设置的基本方法。

2. 基带数据串并转换后I，Q基带数据观测

用示波器分别观测串并转换后的I路基带数据4TP6和Q路基带数据4TP5，与2P6基带数据进行对比，分析其对应关系及速率变化情况。同时观测4TP5和4TP6，观测其在时间上是否对齐。

3. I、Q两路基带信号符号映射观测

使用示波器分别观测“I符号-4VT12”和“Q符号-4VT13”输出，分别和I路基带数据和Q路基带数据进行对比，观测符号映射前后信号的变化情况，分析该变化是否满足B方式下I和Q的数据映射关系。

说明：在调制器中，完成串并转换后，并不会直接和载波相乘，一般会根据实际情况进行二次处理。例如：如果需要基带成型，则需经过成型滤波器，对于A和B两种方式，也会进行不同的电平转换。在实验中为了便于观测，内容设置选择了B方式，并且没有进行成型滤波。

4. QPSK星座图观测

在示波器X-Y模式下，将示波器通道1和通道2分别连接“I符号-4VT12”和“Q符号-4VT13”，观测QPSK调制的星座图。

星座图观测：点击示波器“DISPLAY”按钮，模式选择“XY”，可观测通道1和通道2的星座图。

5. 调制载波观测

用示波器观测调制载波4VT11，点击“载波频率”按钮，通过旋钮调整载波频率，观测载波频率的变化。

6. I和Q两路调制观测

用示波器分别观测“I符号”和“I路调制”，“Q符号”和“Q路调制”，观测I，Q两路调制前后的对应关系。

说明：为了便于观察较为明显的调制相位关系，可以在观测时将载波频率降到基带信号速率的2倍或4倍，如基带信号设置为“64K”，载波频率设置为“128K”或“256K”。

7. QPSK调制信号时域观测

用示波器同时观测“I路调制-4VT14”“Q路调制-4VT15”“QPSK调制-4TP2”，分析3路调制信号的对应关系。

同时观测“基带信号-2P6”和“QPSK调制-4TP2”，分析基带信号和调制信号载波相位对应关系。

8. QPSK调制信号频谱观测

采用示波器的FFT功能，观测分析QPSK调制信号4TP2的频谱特性。

通过“载波频率”旋钮修改载波频率，观察频谱特性的变化。

修改基带信号时钟速率的设置，设置为“64K”“128K”，观测调制信号的频谱变化。

和基带信号频谱结合，分析基带信号经QPSK调制后频谱的变化情况。分析QPSK调制信号的带宽与基带信号速率、载波频率的关系。

（三）QPSK解调观测

1. Costas环载波恢复输出观测

设置基带数据为全“0”，用示波器通道1观测调制载波5TP1，作为同步通道；通道2观测Costas环载波输出5VT11；改变调制端载波频率，观测解调端5VT11的频率变化。

2. 判决前信号及对应星座图观测

用示波器分别观测I路判决前信号5TP6和Q路判决前信号5TP7，观察其时域特性，分析其是否正确。

先将示波器调到XY模式，两个通道分别调节到“交流”模式，然后将双通道分别接5TP6与5TP7，通道幅度调节到星座图在屏幕上大小合适的状态，观测QPSK星座图。

3. I和Q两路判决后信号观测

I路信号判决观测：用示波器通道1观测判决前信号5TP6，作为同步通道；通道2观测判决后信号5TP4，观测分析判决后信号是否正确。

Q路信号判决观测：用示波器通道1观测判决前信号5TP7，作为同步通道；通道2观测判决后信号5TP5，观测判决前后信号是否正确。

一般情况下，判决电平为可调量，实验中为了方便，将判决电平设置为固定值，其值为判决前信号的中间电平。

4. QPSK解调及相位模糊观察

由于QPSK有四种相位情况，解调时，解调端提取的同步载波有可能与四种相位中的任意一种实现同相。解调时，如果本地载波和调制信号载波有相位差，则解调端会出现相位模糊情况，对应QPSK的四种相位情况，只有一种情况可以正确解调，其他三种均会出现相位模糊情况（分别为I路反向，Q路反向，I和Q路信号交换），实验中用下面方法观测相位模糊的现象。

操作方法：由于相位模糊是有一定概率出现的，因此实验中通过多次断开5TP1上的调制信号，让Costas环重新建立同步，有可能出现相位模糊的现象。或者通过框图中的 180° 按钮，人为调节当前载波相位，产生相位模糊情况。通过点击两个 ⊗ 按钮，实现I和Q通道的互换。

在观测I，Q两路相位模糊时，为了便于观测，可将16 bit基带数据设置为一组较为特殊的数值，如“1111100010101001”，串并转换后：I路数据为11101110，Q路数据为11000001，可以清楚地判断数据是否出现反转。

I路解调信号观测：用示波器分别观测I路判决数据5TP4、Q路判决数据5TP5，观测其解调输出是否相同。

用示波器分别观测调制前基带信号2P6和解调后信号5TP3，分析其是否相同。

使用上述方法，通过多次尝试，分别观测到三种相位模糊的现象，并思考如何解决相位模糊的现象。

（四）QPSK系统加噪及性能分析

1. QPSK系统加噪设置

在前面实验步骤中，噪声源默认设置为0，没有经过模拟信道。为测试QPSK解调性能，下面为调制信号添加噪声后再解调。逐渐调节“噪声源”输出的旋钮，可改变噪声源的幅度。

2. QPSK加噪后信号观测

用示波器观测调制信号经过加噪后的解调信号输入5TP1，逐渐调节噪声电平，观测加噪前（噪声幅度为0）和加噪后信号的变化。

3. QPSK加噪后解调及星座图观测

用示波器分别观测：I路判决前信号5TP6和Q路判决前信号5TP7。逐渐增大噪声电平，分析判决后信号5TP4和5TP5是否受噪声影响，在什么情况下会出现判决误码，并结合判决后信号5TP4和5TP5对比。

将示波器调到XY模式，两个通道分别调节到“交流”模式，然后将双通道分别接5TP6与5TP7，观测QPSK解调端星座图，逐渐调节噪声电平，观察星座图变化，分析其在什么情况下会出现判决误码。

（五）实验结束

实验结束，关闭电源：先关闭控制器PC机，再关闭左侧开关，最后关闭右侧面开关（右侧面开关为总电源），整理实验台，并按要求放置好实验附件和实验模块。

五、实验报告要求

（1）完成实验步骤，记录实验中相关数据及波形。

（2）描述QPSK调制解调的工作原理。

（3）分析在噪声影响下及载波不同步情况下星座图的含义。

六、思考题

（1）QPSK解调为什么会有相位模糊？如何解决QPSK相位模糊的问题？

（2）如何通过编程完成QPSK调制算法？

七、实验注意

（1）基带要低于128 kHz。

（2）载波频率不低于两倍基带频率。

◉实验十七　OQPSK调制解调

一、实验目的

（1）掌握OQPSK调制解调的原理及实现方法；

（2）理解OQPSK与QPSK的区别；

（3）分别采用A方式及B方式OQPSK调制，观测调制信号的波形及星座图。

二、实验原理

（一）OQPSK调制解调原理

在QPSK体制中，它的相邻码元最大相位差达到180°。由于这样的相位突变在频带受限的系统中会引起信号包络的很大起伏，所以为了减小此相位突变，将两个正交分量的两个比特DI和DQ在时间上错开半个码元（TS/2），使之不可能同时改变。这样安排后相邻码元相位差的最大值仅为90°，从而减小了信号振幅的起伏。这种体制称为偏移四相相移键控（offset QPSK，OQPSK）。QPSK和OQPSK信号的相位转移图如图3-40所示。

如图3-40所示，采用OQPSK调制后，相位转移图中的信号点只能沿着正方形四边移动，故相位只能发生π/2的变化。相位跳变小，所以频谱特性要比QPSK的好。

在如图3-41所示的OQPSK调制框图中可以看到，和QPSK调制相比，在OQPSK调制时，串并转后的Q路延时了半个码元（$T/2$），其他部分和QPSK调制相同。

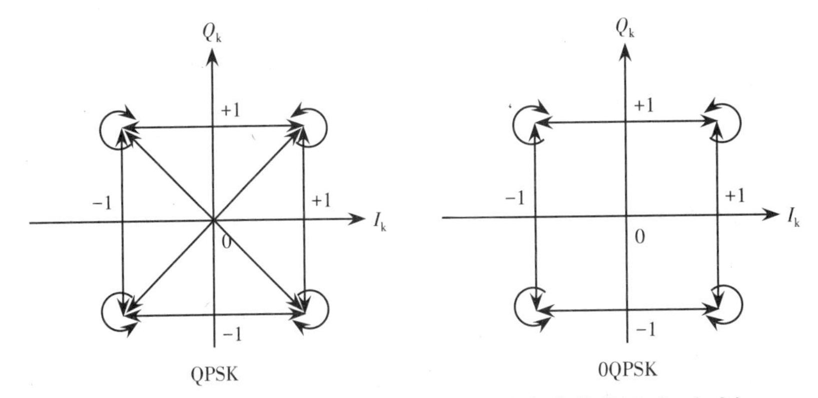

图 3-40 QPSK 及 OQPSK 调制的星座图和相位转移图（B 方式）

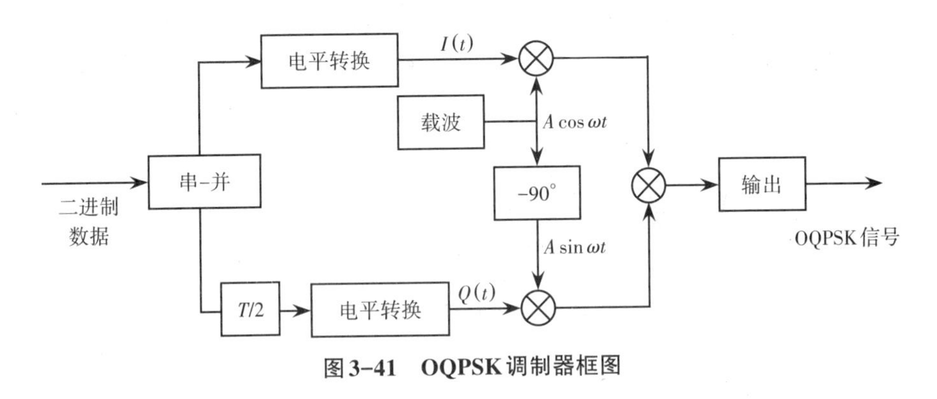

图 3-41 OQPSK 调制器框图

OQPSK 解调原理框图与 QPSK 解调原理框图相同，如图 3-42 所示。

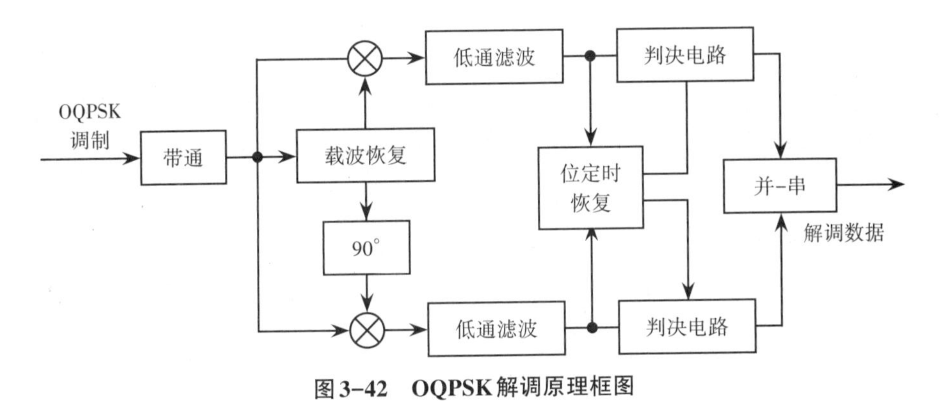

图 3-42 OQPSK 解调原理框图

在实验时，重点关注 OQPSK 调制时半个码元的延时，对应的星座图的变化情况，以及 OQPSK 是否可解决相位模糊的问题。另外，由于 OQPSK 在 A 方式时，会出现调制信号幅度为 0 的状况，因此实验时，主要研究 B 方式下

OQPSK的调制解调。

（二）实验框图及功能说明

OQPSK调制解调流程图如图3-43。

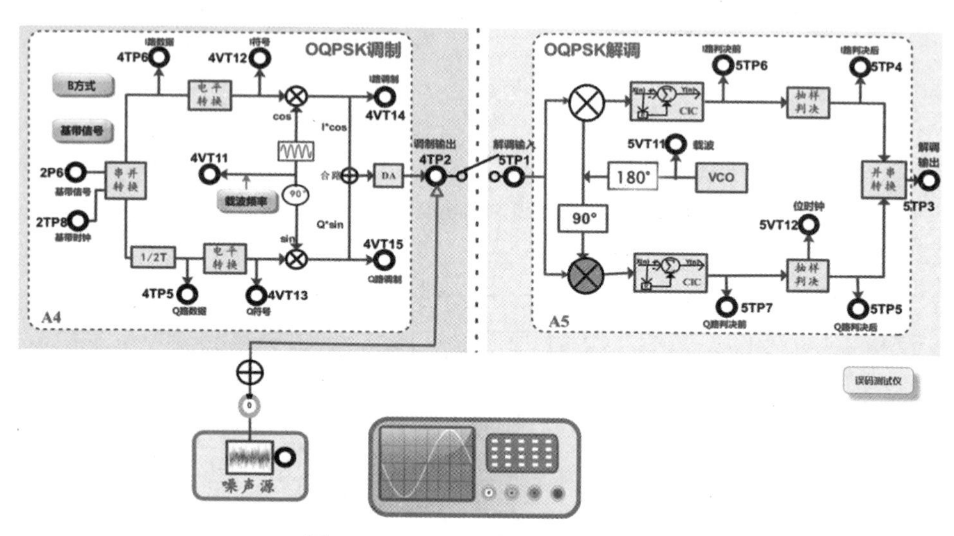

图3-43　OQPSK调制解调流程图

框图说明：

本实验中需要用到以下三个功能模块：

1. 信源编码与复用模块A2

模块完成基带信号产生功能。其中，基带信号产生：从2P6输出基带信号，2TP8输出基带时钟（时钟速率可以设置）；点击框图中“基带设置”按钮，可以修改基带信号输出的相关参数，实验时建议使用64 kHz或128 kHz基带信号。

2. 频带调制模块A4

模块完成对输入基带信号的QPSK调制，调制模块首先将基带信号进行串并转换，然后将Q路基带信号延时*T*/2码元周期，分为I，Q两路分别输出，再将I，Q两路基带数据进行符号映射，之后将*I*乘以同相（cos）载波，*Q*乘以正交（sin）载波，最后将两路信号相加得到调制信号，调制后信号从4TP2输出。

通过点击“载波频率”按钮，可以修改调制载波的频率，修改范围为128～4096 kHz，步进值为128 kHz。

3. 频带解调模块A5

模块对输入的QPSK调制进行解调，解调采用相干解调法。其中，载波提取采用了数字Costas环电路，Costas环VCO中心频率可自动锁定，可从5VT11观测本地载波；输入的调制信号和本地提取的同相（cos）及正交（sin）载波相乘，相乘后分别进行低通滤波，滤波后信号可以从5TP6和5TP7观测解调信号，也可用两个测量点使用示波器的“X-Y”模式观测星座图。将5TP6和5TP7的信号进行位同步提取及抽样判决，判决后信号从5TP4和5TP5输出，最后将两路信号完成并串转换，从5TP3输出。

（三）测量点说明

（1）4TP2：OQPSK调制输出。

（2）其他测试点参考实验16测试点说明。

注：通过液晶屏选定实验内容后，模块对应的状态指示确定，这时不要按模块右下角编码开关，如果因按编码开关改变了工作状态，学生可以退出流程图后重新进入。

三、实验任务

（1）OQPSK调制观测。

（2）OQPSK解调观测。

四、实验内容及步骤

（一）实验准备

1. 加电

打开系统电源开关（先打开实验台右侧面开关、再打开左侧开关），通过液晶显示和模块运行指示灯状态，观察实验平台加电是否正常。若加电状态不正常，请立即关闭电源，查找异常原因。

2. 选择实验内容

使用鼠标在液晶屏上根据功能菜单选择图标，在实验列表中选择：多进制数字调制解调→OQPSK调制解调，进入OQPSK调制解调实验页面。

（二）OQPSK调制观测

1. 基带数据设置及时域观测

使用示波器分别观察2P6和2TP8，使用鼠标点击“基带设置”按钮，设置基带速率为“15-PN”“128K”，点击“设置”进行修改。观测基带数据的变化，理解并掌握基带数据设置的基本方法。

2. 基带数据串并转换后I，Q基带数据观测

用示波器分别观测串并转换后的I路基带数据4TP6和Q路基带数据4TP5，与2P6基带数据进行对比，分析其对应关系及速率变化情况。同时观测4TP5和4TP6，观测其在时间上是否错开半个码元。

3. I和Q两路基带信号符号映射观测

使用示波器分别观测“I符号-4VT12”和“Q符号-4VT13”输出，分别和I路基带数据和Q路基带数据进行对比，观测符号映射前后信号的变化情况，分析该变化是否满足B方式下I和Q的数据映射关系。

说明：在调制器中，完成串并转换后，并不会直接和载波相乘，一般会根据实际情况进行二次处理。例如，如果需要基带成型，则需经过成型滤波器，对于A和B两种方式，也会进行不同的电平转换。在实验中为了便于观测，内容设置选择了B方式，并且没有进行成型滤波。

4. OQPSK星座图观测

在示波器XY模式下，将示波器通道1和通道2分别连接“I符号-4VT12”和“Q符号-4VT13”，观测OQPSK调制的星座图，分析其和QPSK星座图的区别，重点对比星座图相位跳变的情况。

星座图观测方法：点击示波器“DISPLAY”按钮，模式选择XY，可观测通道1和通道2的星座图。

5. 调制载波观测

用示波器观测调制载波4VT11，点击“载波频率”按钮，通过旋钮调整载波频率，观测载波频率的变化。

6. I，Q两路调制观测

用示波器分别观测“I符号”和“I路调制”，“Q符号”和“Q路调制”，观测I和Q两路调制前后的对应关系。

说明：为了便于观察较为明显的调制相位关系，可以在观测时将载波频率降到基带信号速率的2倍或4倍，如基带信号设置为“64K”，载波频率设置为

"128K"或"256K"。

7. OQPSK调制信号时域观测

用示波器同时观测"I路调制-4VT14","Q路调制-4VT15","OQPSK调制-4TP2",分析三路调制信号的对应关系。

同时观测"基带信号-2P6"和"OQPSK调制-4TP2",分析基带信号和调制信号载波相位对应关系。

8. OQPSK调制信号频谱观测

采用示波器的FFT功能,观测分析OQPSK调制信号4TP2的频谱特性。

通过"载波频率"旋钮修改载波频率,观察频谱特性的变化。

修改基带信号时钟速率的设置,设置为"64K""128K",观测调制信号的频谱变化。

和基带信号频谱结合,分析基带信号经OQPSK调制后,频谱的变化情况。分析OQPSK调制信号的带宽与基带信号速率、载波频率的关系,和QPSK相比频谱有什么区别。

(三)OQPSK解调观测

1. Costas环载波恢复输出观测

设置基带数据为全"0",用示波器通道1观测调制载波5TP1,作为同步通道;通道2观测Costas环载波输出5VT11;改变调制端载波频率,观测解调端5VT11的频率变化;

2. 判决前信号及对应星座图观测

用示波器分别观测I路判决前信号5TP6和Q路判决前信号5TP7,观察其时域特性,分析其是否正确。

先将示波器调到XY模式,两个通道分别调节到"交流"模式,然后将双通道分别接5TP6与5TP7,通道幅度调节到星座图在屏幕上显示大小合适的状态,观测OQPSK解调星座图。

3. I,Q两路判决后信号观测

I路信号判决观测:用示波器通道1观测判决前信号5TP6,作为同步通道;通道2观测判决后信号5TP4,观测分析判决后信号是否正确。

Q路信号判决观测:用示波器通道1观测判决前信号5TP7,作为同步通道;通道2观测判决后信号5TP5,观测判决前后信号是否正确。

一般情况下,判决电平为可调量,实验中为了方便,将判决电平设置为固定值，其值为判决前信号的中间电平。

4. OQPSK解调及相位模糊观察

之前在QPSK实验中，我们知道QPSK解调存在相位模糊的情况，OQPSK同样存在相位模糊的情况。

操作方法：由于相位模糊是有一定概率出现的，因此实验中通过多次断开5TP1上的调制信号，让Costas环重新建立同步，有可能出现相位模糊的现象。或者通过框图中的 180° 按钮，人为调节当前载波相位，产生相位模糊情况。通过点击两个 ⊗ 按钮，切换I，Q通道的互换。

在观测I，Q两路相位模糊时，为了便于观测，可将16 bit基带数据设置为一组较为特殊的数值，如“1111100010101001”，串并转换后：I路数据为“11101110”，Q路数据为“11000001”，可以清楚地判断数据是否出现反转。

I路解调信号观测：用示波器分别观测I路判决数据5TP4、Q路判决数据5TP5，观测其解调输出是否相同。

用示波器分别观测调制前基带信号2P6和解调后信号5TP3，分析其是否相同。

使用上述方法，通过多次尝试，分别观测到3种相位模糊的现象，并思考如何解决相位模糊的现象。

（四）OQPSK系统加噪及性能分析

1. OQPSK系统加噪设置

在前面实验步骤中，噪声源默认设置为0，没有经过模拟信道。为测试OQPSK解调性能，下面为调制信号添加噪声后再解调。逐渐调节“噪声源”输出的旋钮 ②，可改变噪声源的幅度。

2. OQPSK加噪后信号观测

用示波器观测调制信号经过加噪后的解调信号输入5TP1，逐渐调节噪声电平，观测加噪前（噪声幅度为0）和加噪后信号的变化。

3. OQPSK加噪后解调及星座图观测

用示波器分别观测：I路判决前信号5TP6和Q路判决前信号5TP7。逐渐增大噪声电平，分析判决后信号5TP4和5TP5是否受噪声影响，在什么情况下会出现判决误码，并结合判决后信号5TP4和5TP5对比。

先将示波器调到XY模式，两个通道分别调节到“交流”模式，然后将双通道分别接5TP6与5TP7，观测OQPSK解调端星座图，逐渐调节噪声电平，观察星座图变化，分析其在什么情况下会出现判决误码。

（五）实验结束

实验结束，关闭电源：先关闭控制器PC机，再关闭左侧开关，最后关闭右侧面开关（右侧面开关为总电源），整理实验台，并按要求放置好实验附件和实验模块。

五、实验报告要求

（1）完成实验步骤，记录实验中相关数据及波形。
（2）描述OQPSK调制解调的工作原理。
（3）分析在噪声影响下及载波不同步情况下星座图的含义。

六、思考题

（1）OQPSK是否解决了相位模糊问题？
（2）如何通过编程完成OQPSK调制算法？

七、实验注意

（1）基带要低于128 kHz。
（2）载波频率不低于两倍基带频率。

◉ 实验十八 DQPSK调制解调

一、实验目的

（1）DQPSK差分码编码及译码的原理；
（2）掌握DQPSK调制和解调的原理及实现方法。

二、实验原理

（一）DQPSK调制

在前面进行QPSK和OQPSK实验时，都观察到了相位模糊的情况，在相位模糊情况下，无法解调出正确的数据，这在实际通信系统中是不符合要求的，但是要如何解决这个问题呢？在本节实验内容中，将结合差分编码的理论，研究如何解决QPSK调制解调中的相位模糊问题。

在实际通信系统中，会采用DQPSK的编码方法解决相位模糊的问题。DQPSK又叫四相相对相移键控。QPSK调制具有固定的参考相位，它是以四进制码元本身的相位值来表示信息的，而DQPSK调制没有固定的参考相位，后一个四进制码元总是以它相邻的前一个四进制码元的终止相位为参考相位（或称为基准相位），因此，它是以前后两个码元的相位差值来表示信息的。由于DQPSK传输信息的特有方式，使得解调时不存在相位模糊问题，这是因为不论提取的载波取什么起始相位，对相邻两个四进制码元来说都是等价的，相邻两个四进制码元的相位差与起始相位无关，也就不存在由于相干载波起始相位不同而引起的相位模糊问题，所以，在实际使用中一般都采用相对四相调制。如图3-44所示。

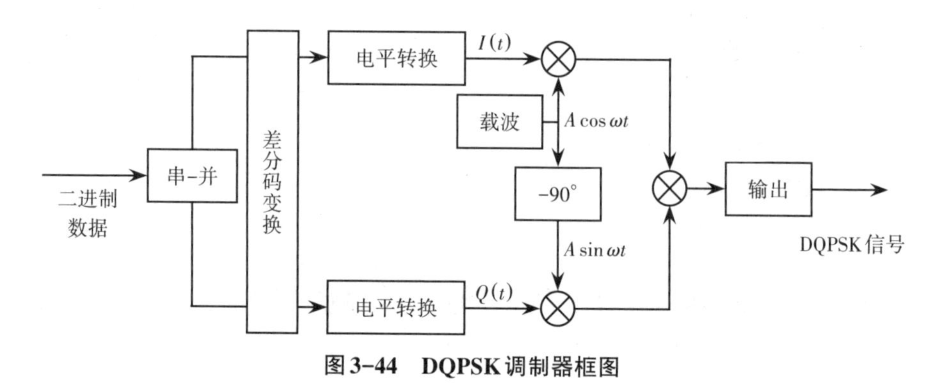

图3-44　DQPSK调制器框图

DQPSK调制中，将输入的二进制序列先经串并转换分为两路并行数据DI和DQ输出，再对双比特码进行码变换，其后的调制过程与QPSK调制原理框图类似，如图3-45所示。

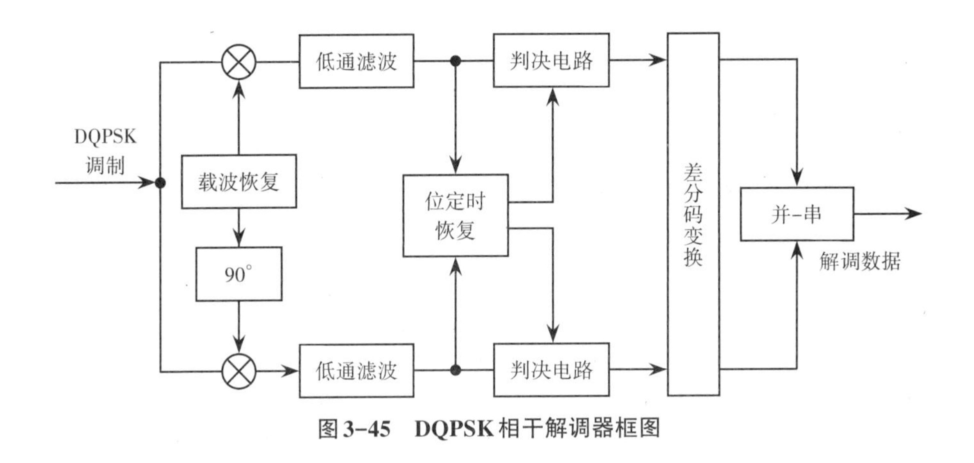

图3-45　DQPSK相干解调器框图

（二）差分码编码原理

数字相位调制中，若信号以绝对相位来表示携带信息的0和1，则接收机中就需要恢复出一个与发送端相位和频率完全一样的参考载波以便实现正确的解调。但这个参考载波很难做到同频同相，因此接收机容易出现信息的0，1倒置的情况。这个问题的解决可以通过差分编码来实现，差分编码的结果是把绝对相位调制变成相对相位调制，利用载波相位的相对跳变来传递信息，这样一来，即使载波恢复时出现相位模糊的情况也不会影响正确解调。在前面DPSK调制中我们已经学习了2进制的差分编码原理，可以解决相位模糊的问题。

在QPSK调制也有载波恢复的难题，并且情况更复杂一些，但同样可以采用类似的办法解决。在QPSK调制中，差分编码有多种，常用的有自然差分编码和格雷差分（Gary）编码。由于QPSK调制每次传递2个符号，因此有四种相位状态，而差分编码是相对上一次状态的编码，本次输出是四种状态，因此差分编码可能的状态共有16种。对采用正交方式实现的QPSK调制，采用格雷差分编码可以归纳为如下两种情况：

（1）若上次输出满足$I_{out}^{n-1} \oplus Q_{out}^{n-1} = 0$，则此次输出为：

$$\begin{cases} I_{out}^{n} = I_{in}^{n} \oplus I_{out}^{n-1} \\ Q_{out}^{n} = Q_{in}^{n} \oplus Q_{out}^{n-1} \end{cases}$$

（2）若上次输出满足$I_{out}^{n-1} \oplus Q_{out}^{n-1} = 1$，则此次输出为：

$$\begin{cases} I_{out}^{n} = Q_{in}^{n} \oplus I_{out}^{n-1} \\ Q_{out}^{n} = I_{in}^{n} \oplus Q_{out}^{n-1} \end{cases}$$

在上述两式中，⊕表示异或运算，I_{out}^{n}表示I路此次输出，I_{out}^{n-1}表示I路上一次输出，其余类似。经过以上规则的对应，QPSK调制就转变成了DQPSK调制。由上述公式给出的编码关系可以发现格雷码差分编码很容易实现。

在实现时，从另外一个角度来看，若把格雷差分编码中的输入做符号对应：

$$00\to 0,\ 01\to 1,\ 10\to 3,\ 11\to 2$$

这样一来，格雷差分编码过程就可以看成是一个做模4加法运算。即把上一次的结果与本次的输入先做符号对应，然后做模4加法运算，得到的结果就是本次的输出。这一概念其实是把二进制差分编码的概念推广到多进制，在DPSK中异或运算其实也是模2加运算，对应的DQPSK就是模4加运算。差分编码结构图如3-46所示：

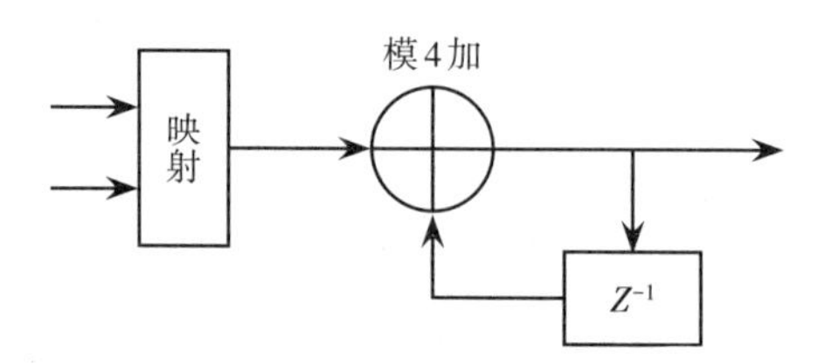

图3-46　DQPSK差分编码结构图

DQPSK差分编码的译码可按减法原理来获得，其实现框图如3-47所示：

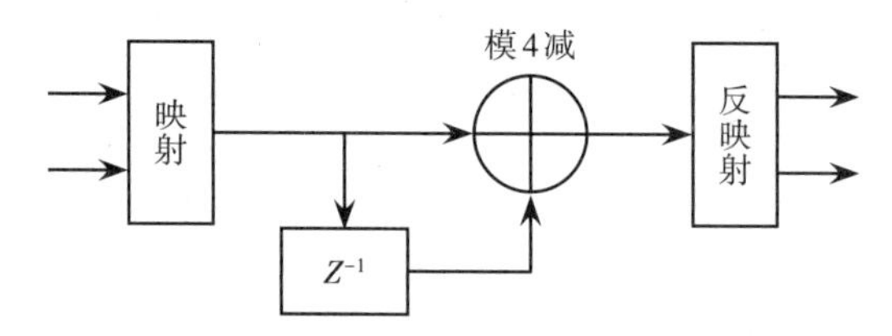

图3-47　DQPSK差分译码结构图

对于接收端输入为发送端输出，因此有

$$X_{send\_out}^{n} = X_{send\_out}^{n-1} + X_{send\_in}^{n}(\bmod 4) = X_{receive\_in}^{n}\text{（发送端输出）}$$

由译码原理可以得到：

$$\begin{aligned}X_{receive\_out}^{n} &= X_{receive}^{n} - X_{receive}^{n-1}(\bmod 4)\\ &= X_{send\_out}^{n} - X_{send\_out}^{n-1}(\bmod 4)\\ &= X_{send}^{n} + \left(4 - X_{send\_out}^{n-1}\right)(\bmod 4)\end{aligned}$$

这就是实验中实现DQPSK的差分译码的原理。

下面针对差分编译码举例说明编译码流程，见表3-18，分析其是否解决了相位模糊的问题，其他几种反向情况尝试通过该方法验证：

（1）解调1流程对应的正确解调译码过程。

（2）解调2流程对应的有相位模糊。

表3-18 编译码流程

原始码		1 0	1 1	0 0	0 1	0 1	1 0	1 1	0 0
对应符号	0	3	2	0	1	1	3	2	0
差分编码	0	3	1	1	2	3	2	0	0
调制输出	00	10	01	01	11	10	11	00	00
解调1	00	10	01	01	11	10	11	00	00
对应符号	0	3	1	1	2	3	2	0	0
对应译码	—	3	2	0	1	1	3	2	0
对应解调	—	10	11	00	10	11	01	01	00
解调2	11	01	10	10	00	01	00	11	11
对应符号	2	1	3	3	0	1	0	2	2
对应译码	—	3	2	0	1	0	3	2	0
解调输出	—	10	11	00	01	01	10	11	00

采用差分编码后，相位的相对跳变表示传送码的信息，根据相位的相对跳变，解调器可正确解调出对应信息。使用差分编码时需要注意，差分编码是相对编码，因此第一个数据只起参考作用，对编码而言，第一个数据可以随意设定；对信号解调来说，第一个数据是无法确定传送的具体信息。表3-19给出差分编码与相对相位跳变对应关系。

表3-19 编码与相对相位跳变对应关系

I，Q输入数据		相对相位跳变
I路	Q路	$\Delta\phi$
0	0	0°
0	1	90°

表3-19（续）

I，Q输入数据		相对相位跳变
I路	Q路	$\Delta\phi$
1	1	180°
1	0	270°

（四）实验框图及功能说明

DQPSK调制解调流程图如图3-48。

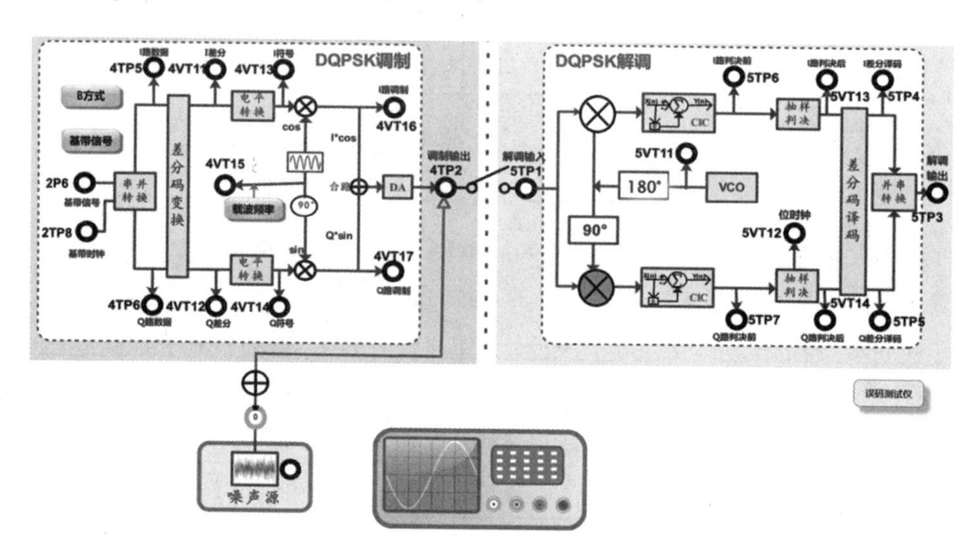

图3-48　DQPSK调制解调流程图

框图说明：

本实验中需要用到以下3个功能模块：

1. 信源编码与复用模块A2

模块完成基带信号产生功能。其中基带信号产生：从2P6输出基带信号，2TP8输出基带时钟（时钟速率可以设置）；点击框图中“基带设置”按钮，可以修改基带信号输出的相关参数，实验时建议使用64K或128K基带信号。

2. 频带调制模块A4

模块完成对输入基带信号的QPSK调制，调制模块首先将基带信号进行串并转换，然后完成四进制相对码到绝对码转换（差分编码），分为I和Q两路分别输出，然后将I和Q两路基带数据进行符号映射，之后将I乘以同相（cos）

载波，Q乘以正交（sin）载波，然后将两路信号相加得到调制信号，调制后信号从4TP2输出。

通过“载波频率”按钮，可以修改调制载波的频率，修改范围为128～4096 kHz，步进值为128 kHz。

3. 频带解调模块A5

模块对输入的QPSK调制进行解调，解调采用相干解调法。其中载波提取采用了数字Costas环电路，Costas环VCO中心频率可自动锁定，可从5VT11观测本地载波；输入的调制信号和本地提取的同相（cos）及正交（sin）载波相乘，相乘后分别进行低通滤波，滤波后信号可以从5TP6和5TP7观测解调信号，也可用两个测量点使用示波器的XY模式观测星座图。之后将5TP6和5TP7的信号进行位同步提取及抽样判决，判决后信号从5TP4和5TP5输出，然后将I和Q两路输入到差分译码器中进行差分译码，最后将两路信号完成并串转换，从5TP3输出。

（五）框图中各个测量点说明

1. 信源编码与复用模块A2

（1）2P6：基带数据输出。

（2）2TP8：基带时钟输出。

2. 频带调制模块A4

（1）4TP5：I路调制数据输出。

（2）4TP6：Q路调制数据输出。

（3）4VT11：I路差分编码输出。

（4）4VT12：Q路差分编码输出。

（5）4VT13：I路符号映射输出。

（6）4VT14：Q路符号映射输出。

（7）4VT15：调制端载波输出。

（8）4VT16：I路调制输出。

（9）4VT17：Q路调制输出。

（10）4TP2：DQPSK调制输出。

3. 频带解调模块A5

（1）5TP1：解调信号输入。

（2）5VT11：本地载波输出。

（3）5TP6：I下变频输出。

（4）5TP7：Q下变频输出。

（5）5VT13：I路判决输出。

（6）5VT14：Q路判决输出。

（7）5TP4：I路差分译码输出。

（8）5TP5：Q路差分译码输出。

（9）5VT12：本地位时钟提取。

（10）5TP3：解调数据输出。

注：通过液晶屏选定实验内容后，模块对应的状态指示确定，这时不要按模块右下角编码开关。如果因按编码开关改变了工作状态，学生可以退出流程图后重新进入。

三、实验任务

（1）DQPSK调制观测。

（2）DQPSK解调观测。

四、实验内容及步骤

（一）实验准备

1. 加电

打开系统电源开关（先打开实验台右侧面开关、再打开左侧开关），通过液晶显示和模块运行指示灯状态，观察实验平台加电是否正常。若加电状态不正常，请立即关闭电源，查找异常原因。

2. 选择实验内容

使用鼠标在液晶屏上根据功能菜单选择图标：，在实验列表中选择：多进制数字调制解调→DQPSK调制解调，进入DQPSK调制解调实验页面。

（二）DQPSK调制观测

1. 基带数据设置及时域观测

使用示波器分别观察2P6和2TP8，使用鼠标点击“基带设置”按钮，设置基带速率为“15-PN”“128K”，点击“设置”进行修改。观测基带数据的变化，理解并掌握基带数据设置的基本方法。

2. 基带数据串并转换后I和Q基带数据观测

用示波器分别观测串并转换后的I路基带数据4TP5和Q路基带数据4TP6，与2P6基带数据进行对比，分析其对应关系及速率变化情况。同时观测4TP5和4TP6。

3. DQPSK差分编码观测

使用示波器观测差分编码后信号4VT11和4VT12，与差分前信号（4TP5和4TP6）对比，分析差分编码输出是否正确。

4. I和Q两路基带信号符号映射观测

使用示波器分别观测“I符号-4VT13”和“Q符号-4VT14”输出，分别和I路基带数据和Q路基带数据进行对比，观测符号映射前后信号的变化情况，分析该变化是否满足B方式下I和Q的数据映射关系。

说明：在调制器中，完成串并转换后，并不会直接和载波相乘，一般会根据实际情况进行二次处理。例如，如果需要基带成型，则需经过成型滤波器，对于A和B两种方式，也会进行不同的电平转换。在实验中为了便于观测，内容设置选择了B方式，并且没有进行成型滤波。

5. DQPSK星座图观测

在示波器XY模式下，将示波器通道1和通道2分别连接“I符号-4VT13”和“Q符号-4VT14”，观测DQPSK调制的星座图。

星座图观测方法：点击示波器“DISPLAY”按钮，模式选择XY，可观测通道1和通道2的星座图。

6. 调制载波观测

用示波器观测调制载波4VT15，点击“载波频率”按钮，通过旋钮调整载波频率，观测载波频率的变化。

7. I和Q两路调制观测

用示波器分别观测“I符号”和“I路调制”、“Q符号”和“Q路调制”，观测I和Q两路调制前后的对应关系以及载波相位情况。

说明：为了便于观察较为明显的调制相位关系，可以在观测时将载波频率降到基带信号速率的2倍或4倍，如基带信号设置为“64K”，载波频率设置为“128K”或“256K”。

8. DQPSK调制信号时域观测

用示波器同时观测“I路调制-4VT16”“Q路调制-4VT17”“OQPSK调制-4TP2”，分析三路调制信号的对应关系。

同时观测“基带信号-2P6”和“OQPSK调制-4TP2”，分析基带信号和调制信号载波相位对应关系。

9. DQPSK调制信号频谱观测

采用示波器的FFT功能，观测分析DQPSK调制信号4TP2的频谱特性。

通过“载波频率”旋钮修改载波频率，观察频谱特性的变化。

修改基带信号时钟速率的设置，设置为“64K”“128K”，观测调制信号的频谱变化。

和基带信号频谱结合，分析基带信号经DQPSK调制后频谱的变化情况。分析DQPSK调制信号的带宽与基带信号速率、载波频率的关系。

（三）DQPSK解调观测

1. Costas环载波恢复输出观测

设置基带数据为全“0”，用示波器通道1观测调制载波5TP1，作为同步通道；通道2观测Costas环载波输出5VT11；改变调制端载波频率，观测解调端5VT11的频率变化。

2. 判决前信号及对应星座图观测

用示波器分别观测I路判决前信号5TP6和Q路判决前信号5TP7，观察其时域特性，分析其是否正确。

先将示波器调到XY模式，两个通道分别调节到“交流”模式，然后将双通道分别接5TP6与5TP7，通道幅度调节到星座图在屏幕上大小合适的状态，观测DQPSK解调星座图。

3. I和Q两路判决后信号观测

I路信号判决观测：用示波器通道1观测判决前信号5TP6，作为同步通道；通道2观测判决后信号5VT13，观测分析判决后信号是否正确。

Q路信号判决观测：用示波器通道1观测判决前信号5TP7，作为同步通道；通道2观测判决后信号5VT14，观测判决前后信号是否正确。

一般情况下，判决电平为可调量，实验中为了方便，将判决电平设置为固定值，其值为判决前信号的中间电平。

4. 差分译码观测

用示波器分别观测差分译码后信号5TP4和5TP5，和调制前I和Q数据对比，分析其是否相同。

5. DQPSK解调及相位模糊观察

之前在QPSK实验中，我们知道QPSK解调存在相位模糊的情况，下面分析一下DQPSK的相位模糊情况。

操作方法：由于相位模糊是有一定概率出现的，因此实验中通过多次断开5TP1上的调制信号，让Costas环重新建立同步，有可能出现相位模糊的现象。或者通过框图中的 180° 按钮，人为调节当前载波相位，产生相位模糊情况。通过点击两个 ⊗ 按钮，切换I，Q通道的互换。

在观测I和Q两路相位模糊时，为了便于观测，可将16 bit基带数据设置为一组较为特殊的数值，如“1111100010101001”，串并转换后，I路数据为“11101110”，Q路数据为“11000001”，可以清楚地判断数据是否出现反转。

I路解调信号观测：用示波器分别观测I路判决数据5VT13和Q路判决数据5VT14，观测其解调输出是否相同。再观测差分译码后信号5TP4和5TP5，和调制前I和Q数据对比，分析其是否相同。

用示波器分别观测调制前基带信号2P6和解调后信号5TP3，分析其是否相同。

使用上述方法，通过多次尝试，分别观测到三种相位模糊的现象，观察解调数据，思考DQPSK是否解决了相位模糊的问题。

（四）DQPSK系统加噪及性能分析

1. DQPSK系统加噪设置

在前面实验步骤中，噪声源默认设置为0，没有经过模拟信道。为测试DQPSK解调性能，下面为调制信号添加噪声后再解调。逐渐调节“噪声源”输出的旋钮 2，可改变噪声源的幅度。

2. DQPSK加噪后信号观测

用示波器观测调制信号经过加噪后的解调信号输入5TP1，逐渐调节噪声电平，观测加噪前（噪声幅度为0）和加噪后信号的变化。

3. DQPSK加噪后解调及星座图观测

用示波器分别观测：I路判决前信号5TP6和Q路判决前信号5TP7。逐渐增大噪声电平，分析判决后信号5VT13和5VT14是否受噪声影响，在什么情况下会出现判决误码，并结合判决后信号5VT13和5VT14对比。

先将示波器调到XY模式，两个通道分别调节到“交流”模式，然后将双通道分别接5VT13和5VT14，观测DQPSK解调端星座图，逐渐调节噪声电平，观察星座图变化，分析其在什么情况下会出现判决误码。

（五）实验结束

实验结束，关闭电源：先关闭控制器PC机，再关闭左侧开关，最后关闭右侧面开关（右侧面开关为总电源），整理实验台，并按要求放置好实验附件和实验模块。

五、实验报告要求

（1）描述DQPSK调制解调的工作原理。

（2）分析在噪声影响下及载波不同步情况下星座图的含义。

六、思考题

（1）DQPSK是否存在相位模糊情况？

（2）如何通过编程完成DQPSK调制算法？

七、实验注意

（1）基带要低于128 kHz。

（2）载波频率不低于两倍基带频率。

第三节 数字基带传输实验

◉实验十九 基础码型变换

一、实验目的

（1）熟悉NRZ码、BNRZ码、RZ码、BRZ码、曼彻斯特码、密勒码、PST码型变换原理及工作过程；

（2）观察数字基带信号的码型变换测量点波形。

二、实验原理

（一）码型变换原则

在实际的基带传输系统中，在选择传输码型时，一般应考虑以下原则：

（1）不含直流，且低频分量尽量少。

（2）应含有丰富的定时信息，以便于从接收码流中提取定时信号。

（3）功率谱主瓣宽度窄，以节省传输频带。

（4）不受信息源统计特性的影响，即能适应于信息源的变化。

（5）具有内在的检错能力，即码型具有一定规律性，以便利用这一规律性进行宏观检测。

（6）编译码简单，以降低通信延时和成本。

（二）常见码型变换类型

1. 单极性不归零码（NRZ码）

单极性不归零码中，二进制代码“1”用幅度为E的正电平表示，“0”用零电平表示，如图3-49所示。单极性码中含有直流成分，而且不能直接提取同步信号。

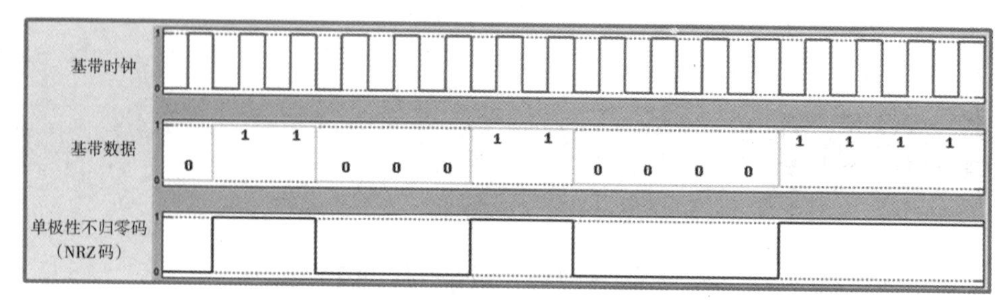

图3-49　单极性不归零码示意图

2. 双极性不归零码（BNRZ码）

二进制代码“1”“0”分别用幅度相等的正负电平表示，如图3-50所示，当二进制代码“1”和“0”等概出现时无直流分量。

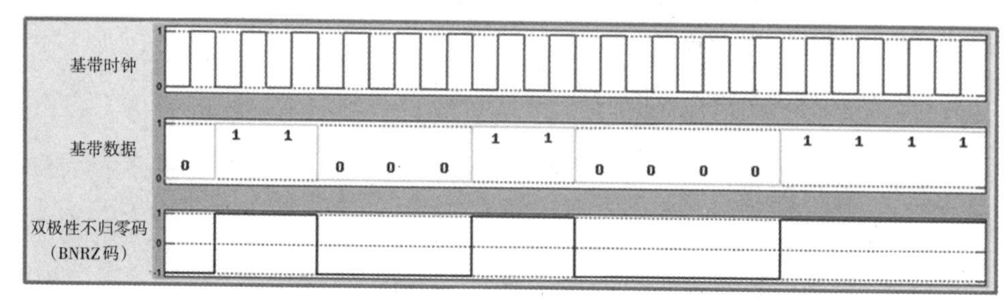

图3-50　双极性不归零码

3. 单极性归零码（RZ码）

单极性归零码与单极性不归零码的区别是码元宽度小于码元间隔，每个码元脉冲在下一个码元到来之前回到零电平，如图3-51所示。单极性码可以直接提取定时信息，仍然含有直流成分。

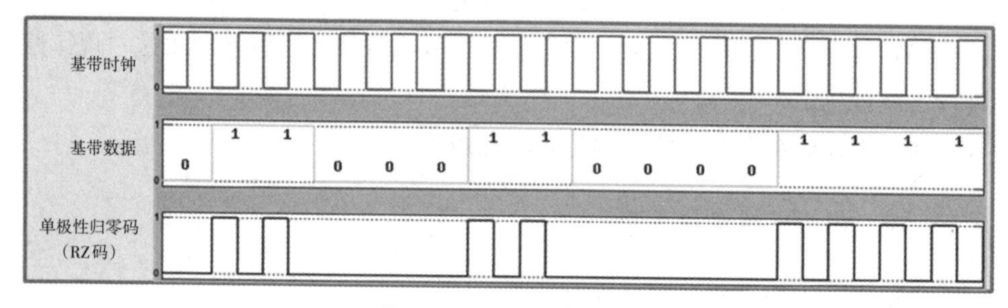

图3-51　单极性归零码

4. 双极性归零码（BRZ码）

它是双极性码的归零形式，每个码元脉冲在下一个码元到来之前回到零电平，如图3-52所示。

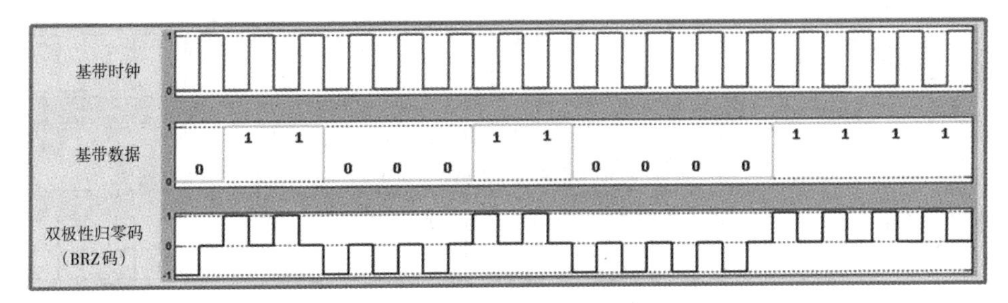

图3-52 双极性归零码

5. 曼彻斯特码

曼彻斯特（Manchester）码又称为数字双相码，用一个周期的正负对称方波表示“0”，用反相波形表示“1”。编码规则之一是：“0”码用“01”两位码表示，“1”码用“10”两位码表示，如图3-53所示。

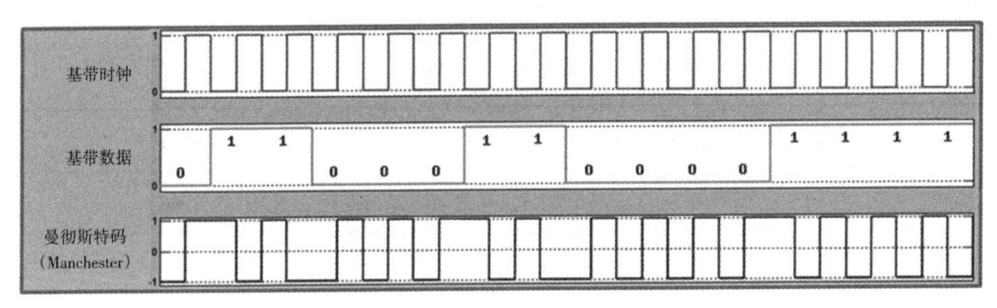

图3-53 曼彻斯特编码

6. 密勒码

密勒（Miller）码又称延迟调制码，它是双向码的一种变形。

它的编码规则如下：

“1”码用码元间隔中心点出现跃变来表示，即用“10”或“01”表示。具体在选择“10”或“01”编码时需要考虑前一个码元编码的情况，如果前一个码元是“1”，则选择和这个“1”码相同的编码值；如果前一个码元为“0”，则编码以边界不出现跳变为准则，如果“0”编码为“00”，则紧跟的“1”码编码为“01”，如果“0”编码为“11”，则紧跟的“1”码编码为“10”。

“0”码则根据情况选择用“00”或“11”表示。具体在选择“00”或“11”编码时需要考虑前一个码元编码的情况。如果前一个码元为“0”，则选择和这个“0”码不同的编码值；如果前一个码元为“1”，则编码以边界不出现跳变为准则。如果“1”码编码为“01”，则紧跟的“0”码编码应为“11”；如果“1”码编码为“10”，则紧跟的“0”码编码应为“00”。如图3-54所示。

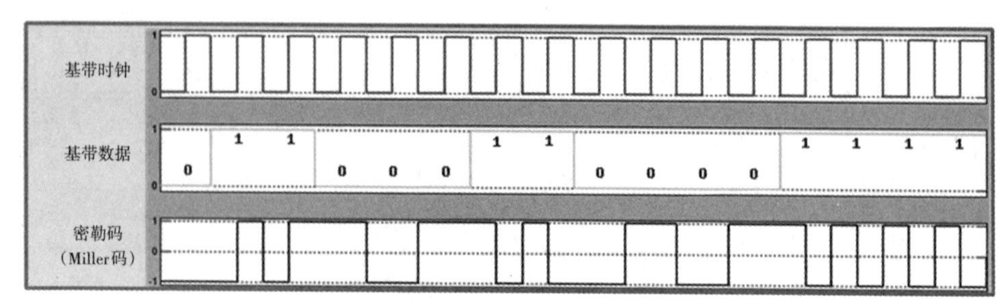

图3-54　密勒编码

7. 成对选择三进码（PST码）

PST码是成对选择三进码，其编码过程是：先将二进制代码两两分组，然后把每一码组编码成两个三进制码字（+、-、0）。因为两个三进制数字共有9种状态，故可灵活地选择其中四种状态。表3-20列出了其中一种使用广泛的格式，编码时两个模式交替变换，如图3-55所示。

表3-20　PST码

二进制代码	+模式	-模式
0 0	-+	-+
0 1	0 +	0 -
1 0	+ 0	- 0
1 1	+1	+-

PST码能够提供定时分量，且无直流成分，编码过程也简单，在接收识别时需要提供“分组”信息，即需要建立帧同步，在接收识别时，因为在“分组”编码时不可能出现00、++和--的情况，如果接收识别时，出现上述的情况，说明帧没有同步，需要重新建立帧同步。

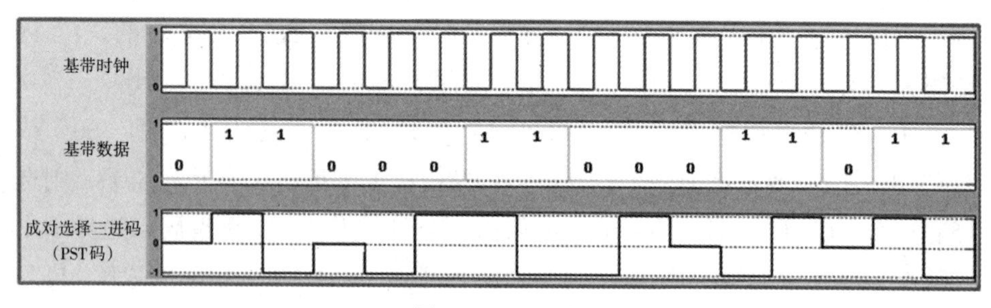

图3-55　PST码

（三）码型变换原理

码型变换内部结构组成框图如图3-56所示：

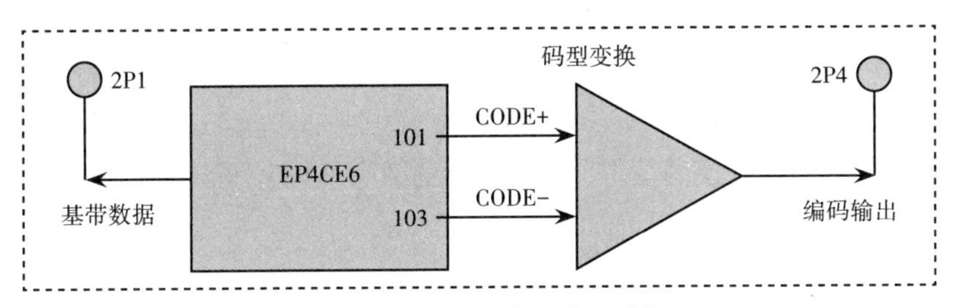

图3-56　码型变换内部结构组成框图

CODE+和CODE−决定了码型变换输出的高低电平，即：

（1）CODE+ = 1，CODE− = 0，编码输出+1。

（2）CODE+ = 0，CODE− = 1，编码输出−1。

（3）CODE+ = 0，CODE− = 0，编码输出0。

在进行程序设计时，通过编程控制FPGA对应的引脚，可以输出三个不同的电平，实现单极性、双极性、归零码等不同类型的码型输出。

（四）实验框图及功能说明

基础码型变换实验框图如图3-57。

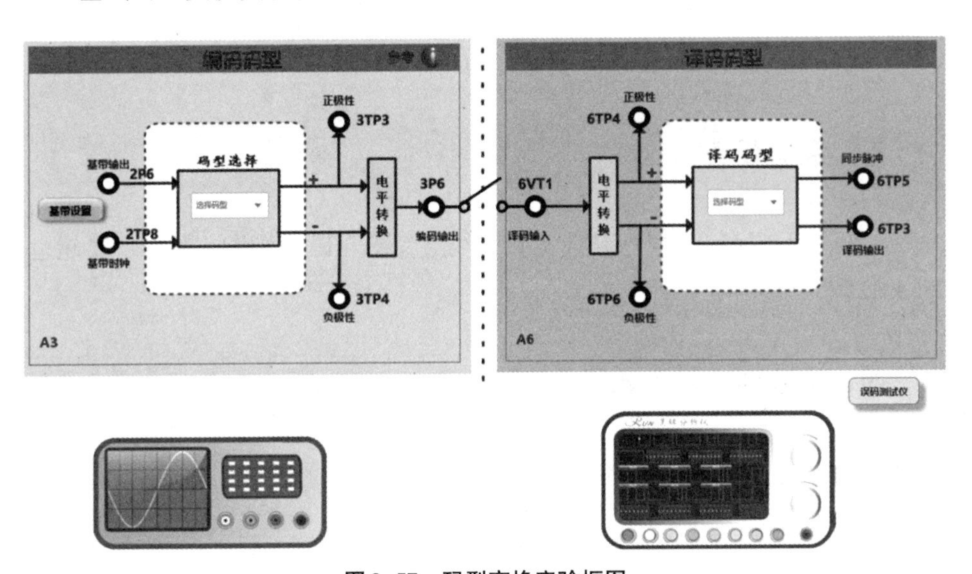

图3-57　码型变换实验框图

本实验中需要用到以下2个功能模块：

1. 码型变换线路与信道编码模块A3

模块完成基带信号产生与码型变换编译码功能。其中基带信号产生：从2P6输出基带信号，2TP8输出基带时钟（时钟速率可以设置），3P6输出对2P6信号的码型变换结果。

2. 信道译码模块A6

6VT1输入码型变换的输入，将译码后的数据从6TP3输出。

（五）框图中各个测量点说明

1. 码型变换线路与信道编码模块A3

（1）2P6：基带数据输出（可以设置PN序列或16 bit数据）。

（2）2TP8：基带时钟输出（时钟速率可选，建议32 kHz或64 kHz）。

（3）3TP3：双极性信号正极输出。

（4）3TP4：双极性信号负极输出。

（5）3P6：编码输出。

2. 信道译码模块A6

（1）6VT1：译码数据输入。

（2）6TP4：双极性信号正极输出。

（3）6TP6：双极性信号负极输出。

（4）6TP5：同步脉冲输出。

（5）6TP3：译码输出。

三、实验任务

各种码型变换编码规则验证实验（线路编码和码型变换：基带不要超过256 kHz）。

四、实验内容及步骤

（一）实验准备

1. 加电

打开系统电源开关（先打开实验台右侧面开关、再打开左侧开关），通过液晶显示和模块运行指示灯状态，观察实验平台加电是否正常。若加电状态不正常，请立即关闭电源，查找异常原因。

2. 选择实验内容

在液晶屏上根据功能菜单选择：实验项目→原理实验→基带传输实验→码型变换，进入码型变换实验功能页面。

（二）单极性不归零码（NRZ码）

1. 编码观测

通过鼠标在编码码型中选择“NRZ码”，点击“基带设置”按钮，将基带数据设置为“16比特”“64K”，然后修改16 bit编码开关的值。用逻辑分析仪通道1观测编码前基带数2P6，用通道2观测编码数据3P6；尝试修改不同的编码开关组合，观测不同数据编码数据的变化。

将基带数据设置为“15-PN”“64K”，观测编码前数据2P6和编码数据3P6，并记录波形。

根据观测的编码前数据和编码后数据时序关系，分析编码时延。

分析编码是否有直流分量，编码是否具备丰富的位同步信息（可设为全“0”码或全“1”码观测），编码前后信号的频谱是否发生变化。

2. 译码观测

使用逻辑分析仪（观测多极性码用逻辑分析仪最右侧通道）同时观测编码前数据2P6和译码后数据6TP3，观测编码前数据是否相同。尝试多次修改编码数据，观测译码数据是否正确。

根据观测的编码前数据和译码后数据的时序关系，分析译码时延。

（三）双极性不归零码（BNRZ码）

1. 编码观测

通过鼠标在编码码型中选择“BNRZ码”，点击“基带设置”按钮，将基带数据设置为“16比特”“64K”，然后修改16 bit编码开关的值。用逻辑分析仪通道1观测编码前基带数2P6，用通道2观测编码数据3P6；尝试修改不同的编码开关组合，观测不同数据编码数据的变化。

将基带数据设置为“15-PN”“64K”，观测编码前数据2P6和编码数据3P6，并记录波形。

根据观测的编码前数据和编码后数据时序关系，分析编码时延。

分析编码是否有直流分量，编码是否具备丰富的位同步信息（可设为全0码或全1码观测），编码前后信号的频谱是否发生变化。

2. 译码观测

使用逻辑分析仪（观测多极性码用逻辑分析仪最右侧通道），同时观测编码前数据2P6和译码后数据6TP3，观测编码前数据是否相同。尝试多次修改编码数据，观测译码数据是否正确。

根据观测的编码前数据和译码后数据的时序关系，分析译码时延。

（四）单极性归零码（RZ码）

1. 编码观测

通过鼠标在编码码型中选择“RZ码”，点击“基带设置”按钮，将基带数据设置为“16比特”“64K”，然后修改16 bit编码开关的值。用逻辑分析仪通道1观测编码前基带数2P6，用通道2观测编码数据3P6；尝试修改不同的编码开关组合，观测不同数据编码数据的变化。

将基带数据设置为“15-PN”“64K”，观测编码前数据2P6和编码数据3P6，并记录波形。

根据观测的编码前数据和编码后数据时序关系，分析编码时延。

分析编码是否有直流分量，编码是否具备丰富的位同步信息（可设为全“0”码或全“1”码观测），编码前后信号的频谱是否发生变化。

2. 译码观测

使用逻辑分析仪（观测多极性码用逻辑分析仪最右侧通道），同时观测编码前数据2P6和译码后数据6TP3，观测编码前数据是否相同。尝试多次修改编码数据，观测译码数据是否正确。

根据观测的编码前数据和译码后数据的时序关系，分析译码时延。

（五）双极性归零码（BRZ码）

1. 编码观测

通过鼠标在编码码型中选择“BRZ码”，点击“基带设置”按钮，将基带数据设置为“16比特”“64K”，然后修改16 bit编码开关的值。用逻辑分析仪通道1观测编码前基带数2P6，用通道2观测编码数据3P6；尝试修改不同的编码开关组合，观测不同数据编码数据的变化。

将基带数据设置为“15-PN”“64K”，观测编码前数据2P6和编码数据

3P6，并记录波形。

根据观测的编码前数据和编码后数据时序关系，分析编码时延。

分析编码是否有直流分量，编码是否具备丰富的位同步信息（可设为全“0”码或全“1”码观测），编码前后信号的频谱是否发生变化。

2. 译码观测

使用逻辑分析仪（观测多极性码用逻辑分析仪最右侧通道），同时观测编码前数据2P6和译码后数据6TP3，观测编码前数据是否相同。尝试多次修改编码数据，观测译码数据是否正确。

根据观测的编码前数据和译码后数据的时序关系，分析译码时延。

（六）曼彻斯特码

1. 编码观测

通过鼠标在编码码型中选择“曼彻斯特码”，点击“基带设置”按钮，将基带数据设置为“16比特”“64K”，然后修改16 bit编码开关的值。用逻辑分析仪通道1观测编码前基带数2P6，用通道2观测编码数据3P6；尝试修改不同的编码开关组合，观测不同数据编码数据的变化。

将基带数据设置为“15-PN”“64K”，观测编码前数据2P6和编码数据3P6，并记录波形。

根据观测的编码前数据和编码后数据时序关系，分析编码时延。

分析编码是否有直流分量，编码是否具备丰富的位同步信息（可设为全“0”码或全“1”码观测），分析编码前后信号的频谱是否发生变化。

2. 译码观测

使用逻辑分析仪（观测多极性码用逻辑分析仪最右侧通道），同时观测编码前数据2P6和译码后数据6TP3，观测编码前数据是否相同。尝试多次修改编码数据，观测译码数据是否正确。

根据观测的编码前数据和译码后数据的时序关系，分析译码时延。

（七）密勒码

1. 编码观测

通过鼠标在编码码型中选择“密勒码”，点击“基带设置”按钮，将基带数据设置为“16比特”“64K”，然后修改16 bit编码开关的值。用逻辑分析仪通道1观测编码前基带数2P6，用通道2观测编码数据3P6；尝试修改不同的编码开关组合，观测不同数据编码数据的变化。

将基带数据设置为“15-PN”“64K”，观测编码前数据2P6和编码数据3P6，并记录波形。

根据观测的编码前数据和编码后数据时序关系，分析编码时延。

分析编码是否有直流分量，编码是否具备丰富的位同步信息（可设为全“0”码或全“1”码观测），编码前后信号的频谱是否发生变化。

2. 译码观测

使用逻辑分析仪（观测多极性码用逻辑分析仪最右侧通道），同时观测编码前数据2P6和译码后数据6TP3，观测编码前数据是否相同。尝试多次修改编码数据，观测译码数据是否正确。

根据观测的编码前数据和译码后数据的时序关系，分析译码时延。

（八）成对选择三进码（PST码）

1. 编码观测

通过鼠标在编码码型中选择“PST码”，点击“基带设置”按钮，将基带数据设置为“16比特”“64K”，然后修改16 bit编码开关的值。用逻辑分析仪通道1观测编码前基带数2P6，用通道2观测编码数据3P6；尝试修改不同的编码开关组合，观测不同数据编码数据的变化。

将基带数据设置为“15-PN”“64K”，观测编码前数据2P6和编码数据3P6，并记录波形。

根据观测的编码前数据和编码后数据时序关系，分析编码时延。

分析编码是否有直流分量，编码是否具备丰富的位同步信息（可设为全“0”码或全“1”码观测），编码前后信号的频谱是否发生变化。

2. 译码观测

使用逻辑分析仪（观测多极性码用逻辑分析仪最右侧通道），同时观测编码前数据2P6和译码后数据6TP3，观测编码前数据是否相同。尝试多次修改编码数据，观测译码数据是否正确。

根据观测的编码前数据和译码后数据的时序关系，分析译码时延。

（九）实验结束

实验结束，关闭电源：先关闭控制器PC机，再关闭左侧开关，最后关闭右侧面开关（右侧面开关为总电源），整理实验台，并按要求放置好实验附件和实验模块。

五、实验报告要求

（1）根据实验结果，画出各种码型变换的测量点波形图。
（2）写出各种码型变换的工作过程。
（3）分析各种码元的特性和应用。

◎实验二十　线路编译码

一、实验目的

（1）掌握CMI、HDB3、AMI码编译码规则；
（2）了解CMI、HDB3、AMI码编译码实现方法。

二、实验原理

（一）CMI码编码原理

CMI码是传号反转码的简称，与曼彻斯特码类似，也是一种双极性二电平码，其编码规则："1"码交替的用"11"和""00"两位码表示；"0"码固定的用"01"两位码表示。如图3-58所示。

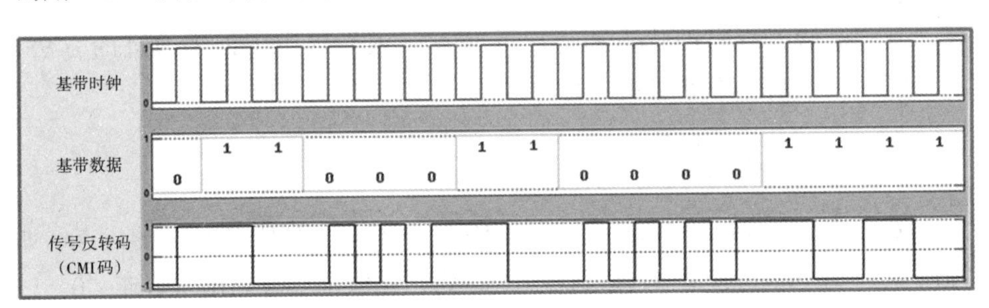

图3-58　CMI编码波形

（二）AMI码编码原理

AMI码的全称是传号交替反转码。这是一种将消息代码0（空号）和1（传号）按如下规则进行编码的码：代码的0仍变换为传输码的0，而把代码中的1交替地变换为传输码的+1，-1，+1，-1，…，如图3-59所示。

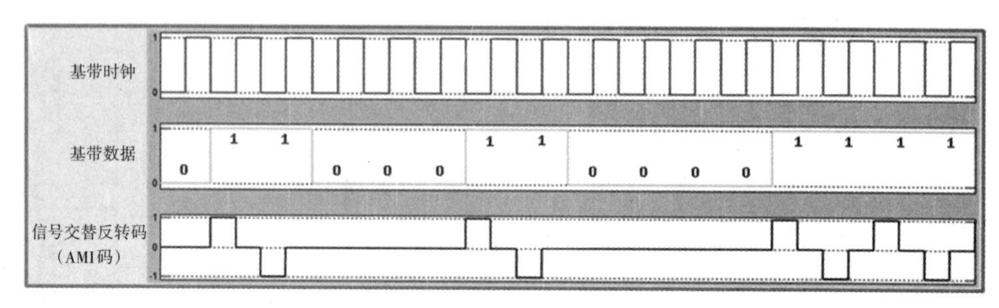

图3-59　AMI编码形波

由于AMI码的信号交替反转，故由它决定的基带信号将出现正负脉冲交替，而0电位保持不变的规律。由此看出，这种基带信号无直流成分，且只有很小的低频成分，因而它特别适宜在不允许这些成分通过的信道中传输。

从AMI码的编码规则看出，它已从一个二进制符号序列变成了一个三进制符号序列，而且也是从一个二进制符号变换成一个三进制符号。把一个二进制符号变换成一个三进制符号所构成的码称为1B / 1T码型。

AMI码除有上述特点外，还有编译码电路简单及便于观察误码情况等优点，它是一种基本的线路码，并得到广泛采用。但是，AMI码有一个重要缺点，即当它用来获取定时信息时，由于它可能出现长的连“0”码，因而会造成提取定时信号的困难。

为了保持AMI码的优点而克服其缺点，人们提出了许多改进的方法，HDB3码就是其中有代表性的一种。

（三）HDB3码编码原理

HDB3码是三阶高密度码的简称。HDB3码保留了AMI码所有的优点（如前所述），还可将连“0”码限制在3个以内，克服了AMI码出现长连“0”过多，对提取定时钟不利的缺点。HDB3码的功率谱基本上与AMI码类似。由于HDB3码有诸多优点，所以把HDB3码作为PCM传输系统的线路码型。

如何由二进制码转换成HDB3码？

HDB3码编码规则如下：

（1）二进制序列中的“0”码在HDB3码中仍编为“0”码，但当出现四个连“0”码时，用取代节000V或B00V代替四个连“0”码。取代节中的V码、B码均代表“1”码，它们可正可负（即$V_+ = +1$，$V_- = -1$，$B_+ = +1$，$B_- = -1$）。

（2）取代节的安排顺序是：先用000V，当它不能用时，再用B00V。000V取代节的安排要满足以下两个要求：

① 各取代节之间的V码要极性交替出现（为了保证传号码极性交替出现，不引入直流成分）。

② V码要与前一个传号码的极性相同（为了在接收端能识别出哪个是原始传号码，哪个是V码，以恢复成原二进制码序列）。

当上述两个要求能同时满足时，用000V代替原二进制码序列中的4个连“0”（用$000V_+$或$000V_-$）；而当上述两个要求不能同时满足时，则改用B00V（B_+00V_+或B_-00V_-，实质上是将取代节000V中第一个“0”码改成B码）。

③ HDB3码序列中的传号码（包括“1”码、V码和B码）除V码外要满足极性交替出现的原则。

下面举个例子来具体说明一下，如何将二进制码转换成HDB3码。如图3-60所示。

二进制	1	1	0	0	0	0	1	0	0	0	0	1	1	0	0	0
HDB3	+1	−1	B_+	0	0	V_+	−1	0	0	0	V_-	+1	−1	0	0	0

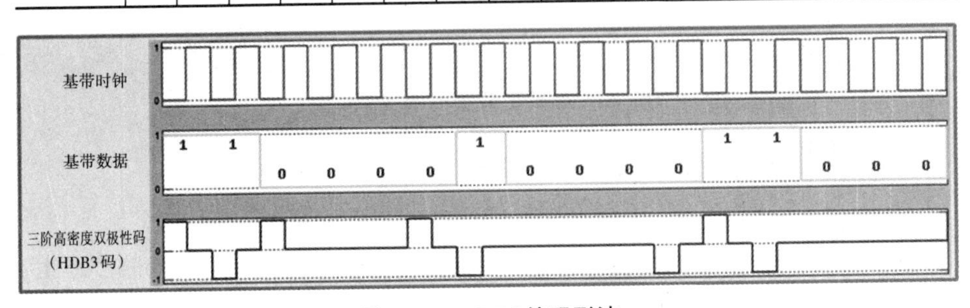

图3-60　HDB3编码形波

从上例可以看出两点：

（1）当两个取代节之间原始传号码的个数为奇数时，后边取代节用000V；当两个取代节之间原始传号码的个数为偶数时，后边取代节用B00V。

（2）V码破坏了传号码极性交替出现的原则，所以叫破坏点；而B码未破坏传号码极性交替出现的原则，叫非破坏点。

虽然HDB3码的编码规则比较复杂，但译码却比较简单。从上述原理看出，每一个破坏符号V总是与前一非0符号同极性（包括B在内）。这就是说，从收到的符号序列中可以容易地找到破坏点V，于是也断定符号V及其前面的三个符号必是连“0”符号，从而恢复四个码，再将所有-1变成+1便得到原消息代码。

本实验平台AMI / HDB3编码有FPGA实现，并通过运放将编码的正向和负向合成AMI / HDB3信号；译码电路首先将收到的信号经运放和比较器转换成正向和负向信号，再经FPGA提取位时钟并译码。

HDB3码的编译码规则较复杂，当前输出的HDB3码字与前四个码字有关，因此HDB3编译码延时不小于8个时钟周期（实验中为7个半码元）。

（四）实验框图及功能说明

编译码码型变换实验框图如图3-61。

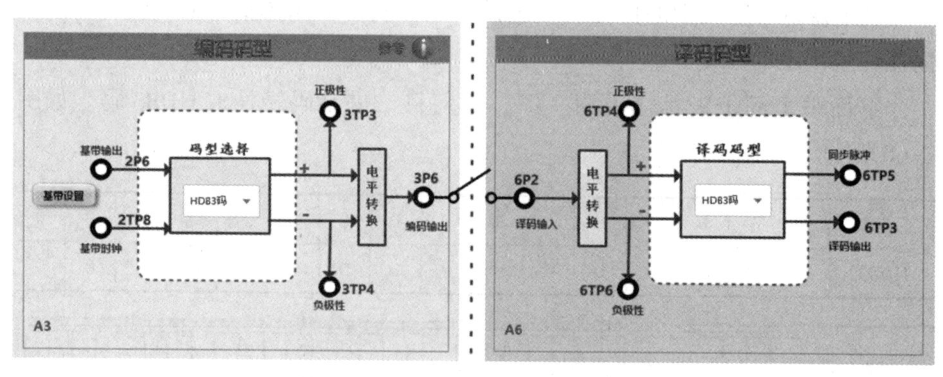

图3-61　编译码码型变换实验框图

本实验中需要用到以下2个功能模块：

1. 码型变换线路与信道编码模块A3

该模块完成基带信号产生与码型变换编译码功能。其中，基带信号产生：从2P6输出基带信号，2TP8输出基带时钟（时钟速率可以设置），3P6输出对2P6信号的码型变换结果。

2. 信道译码模块A6

6P2输入码型变换，将译码后的数据从6TP3输出。

（五）框图中各个测量点说明

1. 码型变换线路与信道编码模块A3

（1）2P6：基带数据输出（可以设置PN序列或16 bit数据）。

（2）2TP8：基带时钟输出（时钟速率可选，建议选“32K”或“64K”）。

（3）3TP3：双极性信号正极输出。

（4）3TP4：双极性信号负极输出。

（5）3P6：编码输出。

2. 信道译码模块A6

（1）6P2：译码数据输入。

（2）6TP4：双极性信号正极输出。

（3）6TP6：双极性信号负极输出。

（4）6TP5：同步脉冲输出。

（5）6TP3：译码输出。

三、实验任务

（1）CMI编译码实验。

（2）HDB3编译码实验。

（3）AMI编译码实验。

四、实验内容及步骤

（一）实验准备

1. 加电

打开系统电源开关（先打开实验台右侧面开关、再打开左侧开关），通过液晶显示和模块运行指示灯状态，观察实验平台加电是否正常。若加电状态不正常，请立即关闭电源，查找异常原因。

2. 选择实验内容

在液晶屏上根据功能菜单选择：实验项目→基带传输实验→线路编译码，进入线路编译码实验功能页面。

（二）CMI码编译码实验

1. 编码观测

通过鼠标在编码码型中选择“CMI码”，点击“基带设置”按钮，将基带数据设置为“16比特”“64K”，然后修改16 bit编码开关的值。用逻辑分析仪通道1观测编码前基带数2P6，用通道2观测编码数据3P6；尝试修改不同的编码开关组合，观测不同数据编码数据的变化。

错误提示：CMI码“0”码应该用“01”表示，实验结果中为“10”表示。

将基带数据设置为“15-PN”“64K”，观测编码前数据2P6和编码数据3P6，并记录波形。

根据观测的编码前数据和编码后数据时序关系，分析编码时延。

分析编码是否有直流分量，编码是否具备丰富的位同步信息（可设为全“0”码或全“1”码观测），编码前后信号的频谱是否发生变化？

2. 译码观测

使用逻辑分析仪（观测多极性码用逻辑分析仪最右侧通道），同时观测编码前数据2P6和译码后数据6TP3，观测编码前数据是否相同；尝试多次修改编码数据，观测译码数据是否正确。

根据观测的编码前数据和译码后数据的时序关系，分析译码时延。

（三）AMI码编译码实验

1. 编码观测

通过鼠标在编码码型中选择“AMI码”，点击“基带设置”按钮，将基带数据设置为“16比特”“64K”，然后修改16 bit编码开关的值。用逻辑分析仪通道1观测编码前基带数2P6，用通道2观测编码数据3P6；尝试修改不同的编码开关组合，观测不同数据编码数据的变化。

将基带数据设置为“15-PN”“64K”，观测编码前数据2P6和编码数据3P6，并记录波形。

根据观测的编码前数据和编码后数据时序关系，分析编码时延。

分析编码是否有直流分量，编码是否具备丰富的位同步信息（可设为长连“0”码或长连“1”码观测），编码前后，信号的频谱是否发生变化。

2. 译码观测

使用逻辑分析仪（观测多极性码用逻辑分析仪最右侧通道），同时观测编码前数据2P6和译码后数据6TP3，观测编码前数据是否相同。尝试多次修改编码数据，观测译码数据是否正确。

根据观测的编码前数据和译码后数据的时序关系，分析译码时延。

（四）HDB3码编译码实验

1. 编码观测

通过鼠标在编码码型中选择“HDB3码”，点击“基带设置”按钮，将基带数据设置为“16比特”“64K”，然后修改16 bit编码开关的值。用逻辑分析仪通道1观测编码前基带数2P6，用通道2观测编码数据3P6；尝试修改不同的编码开关组合，观测不同数据编码数据的变化。

将基带数据设置为“15-PN”“64K”，观测编码前数据2P6和编码数据3P6，并记录波形。

根据观测的编码前数据和编码后数据时序关系，分析编码时延。

分析编码是否有直流分量，编码是否具备丰富的位同步信息（可设为长连0码或长连1码观测），编码前后信号的频谱是否发生变化。

2. 译码观测

使用逻辑分析仪（观测多极性码用逻辑分析仪最右侧通道），同时观测编码前数据2P6和译码后数据6TP3，观测编码前数据是否相同；尝试多次修改编码数据，观测译码数据是否正确。

根据观测的编码前数据和译码后数据的时序关系，分析译码时延。

3. AMI和HDB3编译码对比

将基带信号修改为不同的基带码型，分别观测AMI和HDB3，分析两种编码的区别，并分析定时信息是否丰富，是否包含直流分量，根据结果分析HDB3编码的优势。

（1）将基带数据设置为全“1”码：观测分析AMI和HDB3码的区别。

（2）将基带数据设置为全“0”码：观测分析AMI和HDB3码的区别。

（3）将基带数据设置为“1000100010001000”码：观测分析AMI和HDB3码的区别。

（4）将基带数据设置为“1100001100001111”码：观测分析AMI和HDB3码的区别。

（5）尝试修改其他的基带数据类型：观测分析AMI和HDB3码的区别。

（五）实验结束

实验结束，关闭电源：先关闭控制器PC机，再关闭左侧开关，最后关闭右侧面开关（右侧面开关为总电源），整理实验台，并按要求放置好实验附件和实验模块。

五、实验报告要求

（1）根据实验结果，画出CMI、AMI、HDB3码编译码电路的各测量点波形图，在图上标上相位关系。

（2）根据实验测量波形，阐述其波形编码过程。

（3）分析并叙述HDB3编译码时，2P1和2P9间时延关系。

六、实验注意

线路编码和码型变换：基带不要超过256 kHz。

◉ 实验二十一　眼图观测与判决再生（一）

一、实验目的

（1）掌握眼图观测方法；

（2）学会用眼图分析通信系统性能。

二、实验原理

（一）什么是眼图？

所谓“眼图”，就是由解调后经过接收滤波器输出的基带信号，以码元时钟作为同步信号，基带信号一个或少数码元周期反复扫描在示波器屏幕上显示的波形称为眼图。干扰和失真所产生的传输畸变，可以在眼图上清楚地显示出来。因为二进制信号波形很像人的眼睛，故称眼图。

在整个通信系统中，通常利用眼图方法估计和改善（通过调整）传输系统性能。在实际通信系统中，数字信号经过非理想的传输系统必定要产生畸变，也会引入噪声和干扰，也就是说，总是在不同程度上存在码间串扰。在码间串扰和噪声同时存在的情况下，系统性能很难进行定量的分析，甚至常常得不到近似结果。为了便于评价实际系统的性能，常用观察眼图进行分析。

眼图可以直观地估价系统的码间干扰和噪声的影响，是一种常用的测试手段。

在图3-62中画出两个无噪声的波形和相应的眼图，一个无失真，另一个有失真（码间串扰）。

在图3-62中可以看出，眼图是由虚线分段的接收码元波形叠加组成的。眼图中央的垂直线表示取样时刻。当波形没有失真时，眼图是一只“完全张开”的眼睛。在取样时刻，所有可能的取样值仅有两个：+1或-1。当波形有失真时，“眼睛”部分闭合，取样时刻信号取值就分布在小于+1或大于-1附近。这样，保证正确判决所容许的噪声电平就减小了。换言之，在随机噪声的功率给定时，将使误码率增加。“眼睛”张开的大小就表明失真的严重程度。

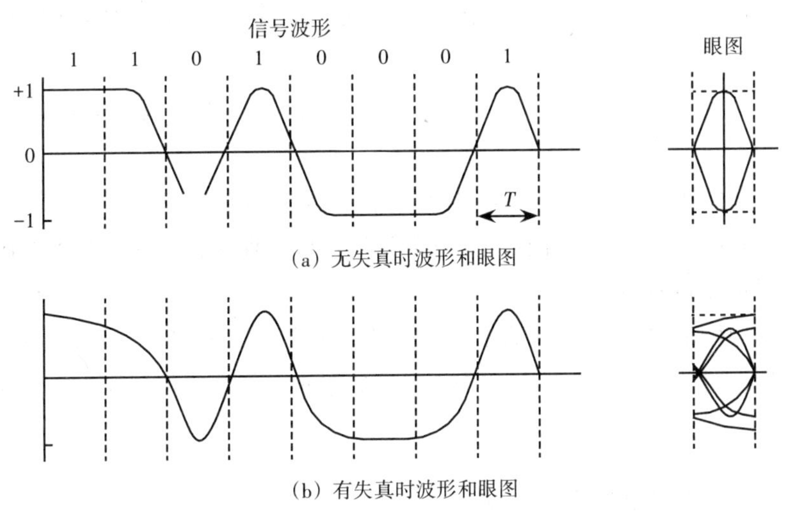

（a）无失真时波形和眼图

（b）有失真时波形和眼图

图3-62 无失真及有失真时的波形及眼图

（二）眼图参数及系统性能

眼图的垂直张开度表示系统的抗噪声能力，水平张开度反映过门限失真量的大小。眼图的张开度受噪声和码间干扰的影响，当信道信噪比很大时眼图的张开度主要受码间干扰的影响，因此观察眼图的张开度就可以评估系统受干扰的大小。眼图模型如图3-63。

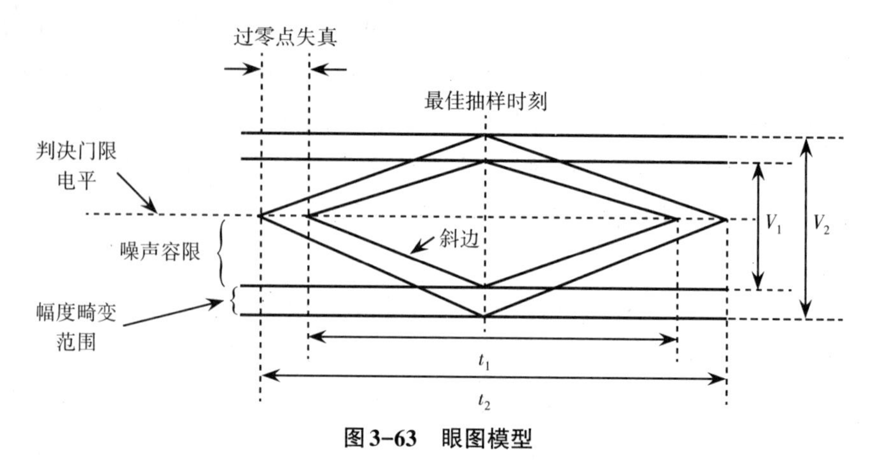

图3-63　眼图模型

垂直张开度$E_0=\dfrac{V_1}{V_2}$；水平张开度$E_1=\dfrac{t_1}{t_2}$。

从眼图中可以得到以下信息：

（1）最佳抽样时刻是“眼睛”张开最大的时刻。

（2）眼图斜边的斜率表示定时误差灵敏度。斜率越大，对位定时误差越敏感。

（3）在抽样时刻上，眼图上下两分支阴影区的垂直高度表示最大信号畸变。

（4）眼图中央的横轴位置应对应于判决门限电平。

（5）在抽样时刻上，眼图上下两阴影区的间隔距离的一半为噪声容限，若噪声瞬时值超过它就会出现错判。

（6）眼图倾斜分支与横轴相交的区域的大小，即过零点失真的变动范围，它对利用信号零交点的平均位置来提取定时信息的接收系统来说影响定时信息的提取。

（三）实验中眼图观测方法

在早期观测通信系统眼图时，一般会选择模拟示波器，由于其工作原理的原因，其波形余辉会在屏幕（荧光屏）上保留一段时间，观测到的眼图其实是多次余辉叠加的效果呈现。

现在实验室一般配备数字示波器，在观测眼图时要对示波器进行设置，并采用正确的观测方法：

如图3-64，用示波器的通道1观测基带时钟（实验中为2TP3），并用该通道作为同步通道；另一通道观测信道传输后的信号，作为观测眼图效果的通道。另外需要将示波器显示（一般在示波器display按钮菜单下）保持时间选择到1 s左右。

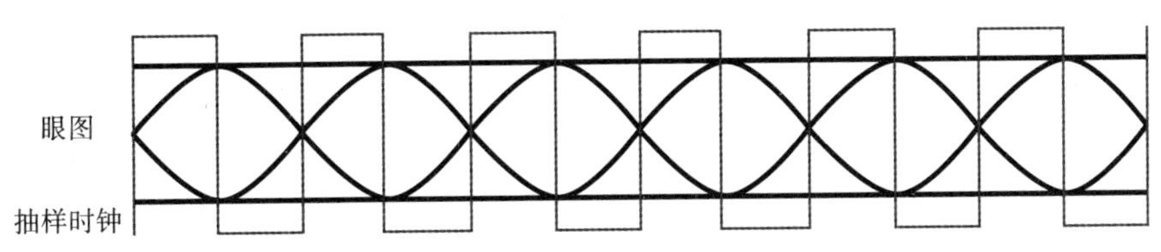

图3-64　基带经信道模拟滤波器眼图示意图

（四）实验框图及功能说明

眼图观测实验框图如图3-65所示。

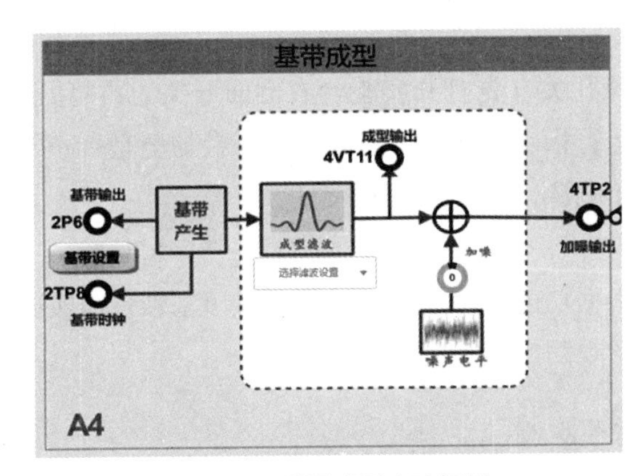

图3-65　眼图观测实验框图

框图说明：

本实验中需要用到频带调制模块A4。

在本实验中，将基带信号设置为“15-PN”“32K”；其中基带信号从2P6输出，基带信号时钟从2TP8输出。为了便于眼图的观测，实验中用2TP8时钟作为同步信道。

（五）框图中各个测量点说明

频带调制模块A4：

2P6：基带数据输出。

2TP8：基带时钟输出。
4VT11：成型输出。
4TP2：加噪后信号输出。

三、实验任务

（1）成型信号观测。
（2）无噪声模拟信道眼图观测。
（3）有噪声模拟信道眼图观测。

四、实验内容及步骤

（一）实验准备

1. 加电

打开系统电源开关（先打开实验台右侧面开关、再打开左侧开关），通过液晶显示和模块运行指示灯状态，观察实验平台加电是否正常。若加电状态不正常，请立即关闭电源，查找异常原因。

2. 选择实验内容

在液晶屏上根据功能菜单选择：实验项目→基带传输实验→眼图观测与判决再生，进入眼图观测实验功能页面。

（二）成型信号观测

用示波器一个通道观测2P6基带信号，另一通道观测4VT11成型输出，选择不同成型滤波器，在示波器上观测成型前后的时域信号。

用示波器FFT功能，观测上述成型信号频谱，并定性比较成型前后信号带宽。

（三）无噪声模拟信道眼图观测

1. 模式设置及示波器调节

用鼠标单击“基带设置”按钮，将基带数据设置为“15-PN”“32K”。

使用示波器通道1观测基带数据时钟2TP8，并作为同步通道，将示波器显示保持（display按钮菜单下）调整到1 s左右。示波器通道2观测经过成型后的信号4VT11；调整示波器状态，将眼图波形调整到比较好的状态（效果为：在屏幕上仅显示一个张开饱满的“眼”）。

2. 眼图观测及信道参数调节

选择不同成型方式，并观察眼图的变化。

（四）有噪声模拟信道眼图观测

1. 示波器观测信道经噪声信道后的眼图

保持示波器之前的设置，使用示波器通道1观测基带数据时钟2TP8，并作为同步通道，示波器通道2观测经过模拟信道和噪声信道后的信号4TP2。

2. 信道加噪眼图观测

用鼠标解调图3-65中旋钮，进行增减噪声，观测眼图变化（主要观测“眼皮”厚度变化）。根据观测到的眼图效果，理解噪声对码元判决再生的影响。

（五）实验结束

实验结束，关闭电源：先关闭控制器PC机，再关闭左侧开关，最后关闭右侧面开关（右侧面开关为总电源），整理实验台，并按要求放置好实验附件和实验模块。

五、实验报告要求

（1）完成实验测量，并记录实验中波形及测量数据。

（2）叙述眼图的产生原理及其作用。

（3）测量和计算实验中眼图的特性参数，评估系统性能。

六、思考题

眼图在通信系统中有什么意义？

◉ 实验二十二　眼图观测与判决再生（二）

一、实验目的

（1）了解Nyquist基带传输设计准则；
（2）熟悉升余弦基带传输信号的特点；
（3）掌握眼图信号的观察方法；
（4）学习评价眼图信号的基本方法。

二、实验原理

（一）基带传输理论

基带传输是频带传输的基础，也是频带传输的等效低通信号表示。基带传输系统的框图如图3-66所示。

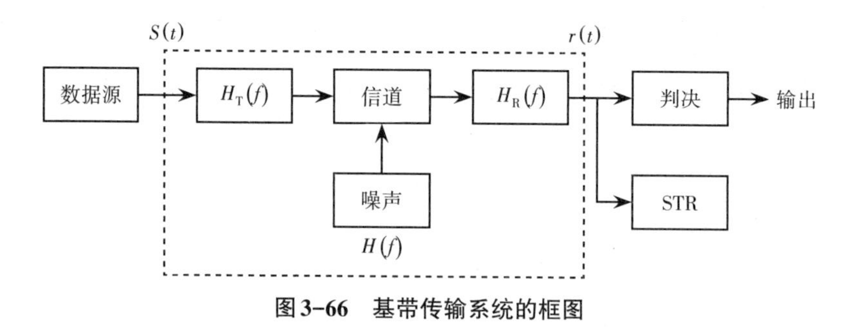

图3-66　基带传输系统的框图

如果认为信道特性是理想的，其传输函数为1，那么整个传输系统的传输函数$H(f)$为：

$$H(f)=H_T(f)\cdot H_R(f)$$

在实际信道传输过程中，如果信号的频率范围受限，则这些基带信号在时域内实际上是无穷延伸的，是一个不可实现系统。如果直接采用矩形脉冲的基带信号作为传输码型，由于实际信道的频带都是有限的，则传输系统接收端所得的信号频谱必定与发送端不同，这就会使接收端数字基带信号的波形失真。

如图3-67所示：

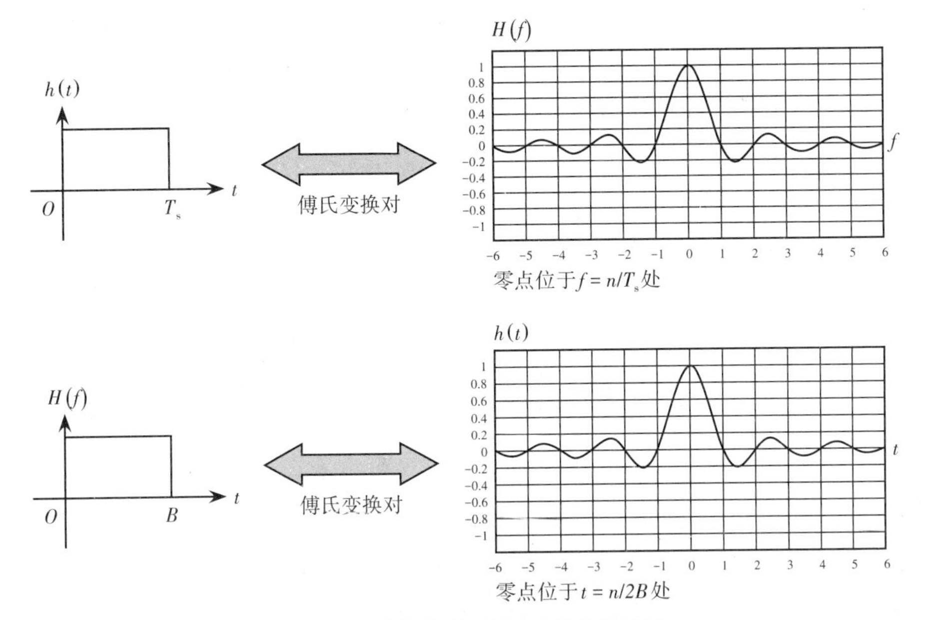

图3-67 时域受限与频带受限传输特性

（二）码间串扰的形成及消除

如果对基带传输不进行严格的设计，则会产生码间串扰，其产生过程如图3-68所示：

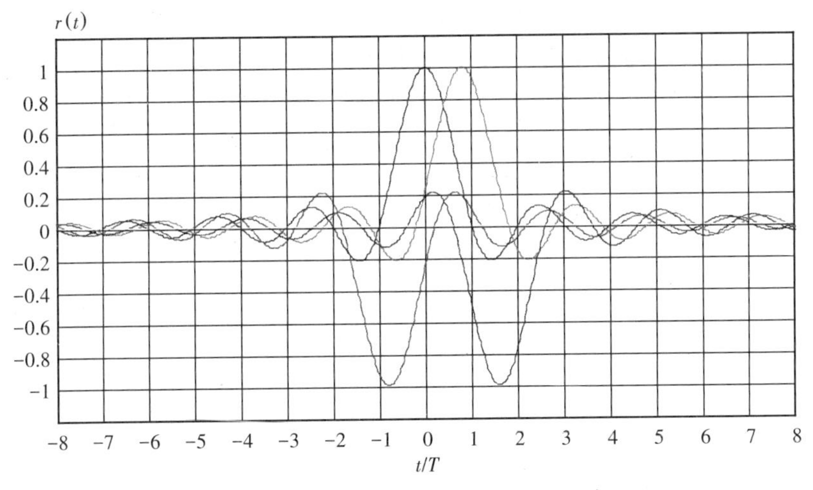

图3-68 基带传输系统码间串扰产生示意图

在寻找对信号基带传输的设计过程中，人们总结了一系列的方法。其中，Nyquist设计准则为基带传输系统信号设计提供了一个方法。利用该准则一方面可以对信号的频谱进行限制，另一方面又不会产生码间串扰。

升余弦信号设计是成功利用Nyquist准则设计的一个例子。

升余弦滤波器的传递函数为：

$$H_{RC}(f)=\begin{cases}1, & 0\leqslant|f|\leqslant(1-\alpha)/2T_S\\ \dfrac{1}{2}\left[1+\cos\left(\dfrac{\pi\left(T_S|f|\right)-1+\alpha}{2\alpha}\right)\right], & (1-\alpha)/2T_S<|f|<(1+\alpha)/2T_S\\ 0, & |f|>(1+\alpha)/2T_S\end{cases}$$

其中，α是滚降因子，取值范围为0 ~ 1。一般当α = 0.25 ~ 1时，随着α的增加，相邻符号间隔内的时间旁瓣减小，这意味着增加α可以减小位定时抖动的敏感度，但增加了占用的带宽。对于矩形脉冲BPSK信号能量的90%在大约1.6 RB的带宽内，而对于α = 0.5的升余弦滤波器，所有能量则在1.5 RB的带宽内，如图3–70所示。

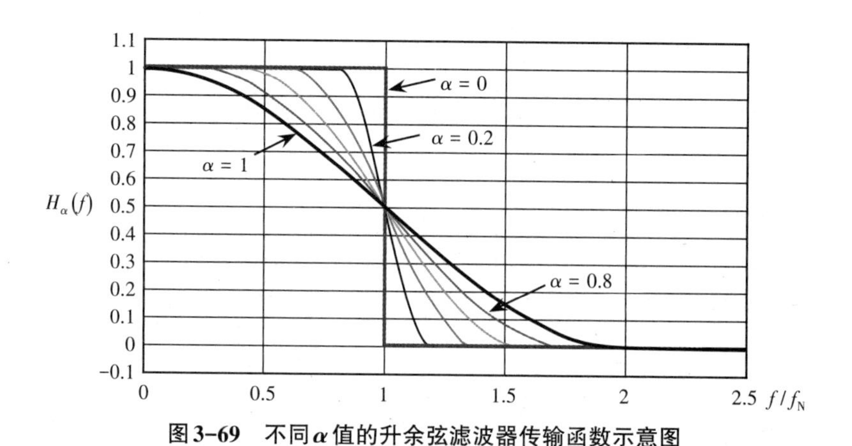

图3–69　不同α值的升余弦滤波器传输函数示意图

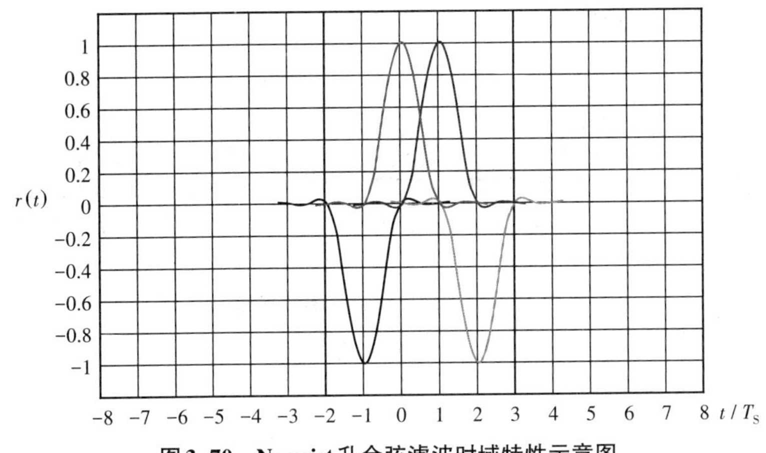

图3-70 Nyquist升余弦滤波时域特性示意图

升余弦滚降传递函数可以通过在发射机和接收机使用同样的滤波器来实现，其频响为开根号升余弦响应。根据最佳接收原理，这种响应特性的分配为系统提供了最佳接收方案。

在实验中，并没有具体测量α值对基带传输系统的影响，仅供参考理解。

在实际通信系统中，通常采用Nyquist波形成形技术，并结合最佳信号检测理论，它具有以下三方面的优点：

（1）发送频谱在发端将受到限制，提高信道频带利用率，减少邻道干扰。

（2）在接收端采用相同的滤波技术，对信号进行最佳接收。

（3）系统获得无码间串扰的信号传输。

（三）基带传输成型滤波器

一般成型滤波器在选择时，一般需要满足两个基本条件：

（1）带宽尽量足够窄。

（2）对其他码元干扰为0。

在实验中，设置了三种成型滤波器供比较，分别为高斯（Gaussian）、升余弦（raised cosine，RC）、根升余弦（root raised cosine，RRC）。三种滤波器具有不同的频率响应，对基带传输系统而言，也会产生不同的影响。如图3-71、图3-72。

为实现滤波器的响应，脉冲成形滤波器既可以在基带实现，也可以设置在发射机的输出端。一般说来，在基带上脉冲成形滤波器用FPGA来实现，滤波器可用MATLAB设计或由FPGA自带的滤波器设计工具设计，如图3-73所示为基带成型滤波器的设计。

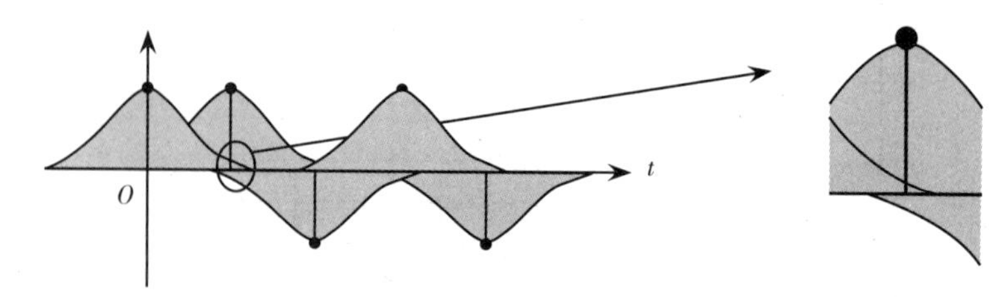

图 3-71　高斯成形滤波器成形效果

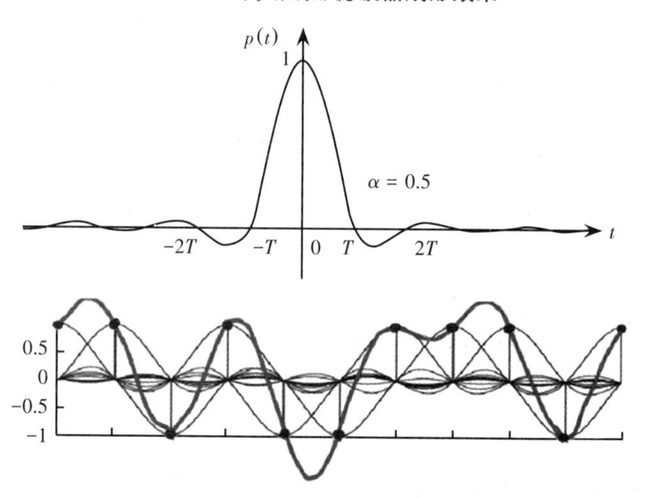

图 3-72　根升余弦成形滤波器成形效果

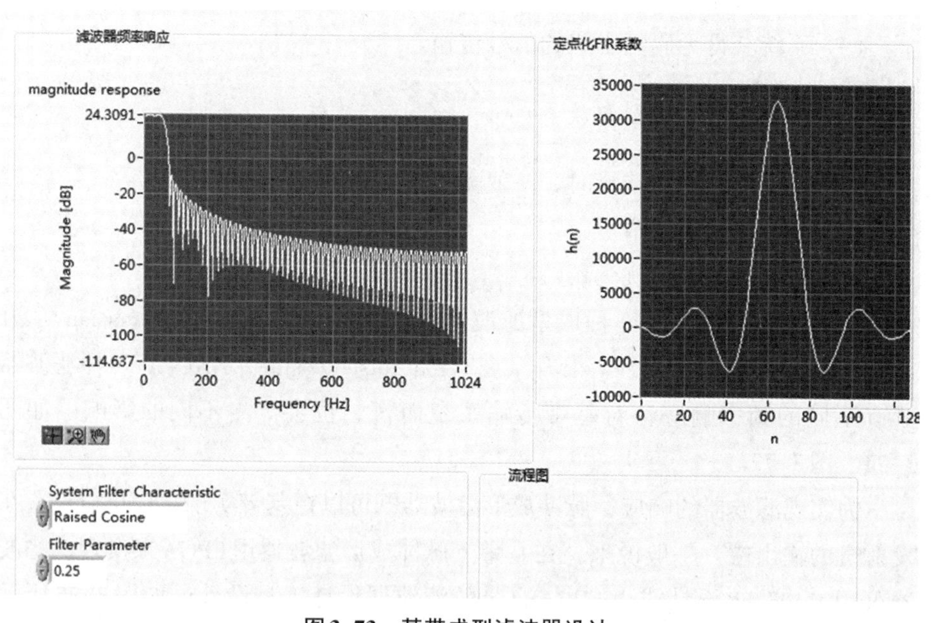

图 3-73　基带成型滤波器设计

由于高斯函数是一个“拖尾函数”，在其他码元位置不为0，因此会引起码间干扰。

在实际系统中，一般选用升余弦和根升余弦滤波器。

升余弦滤波器在频域上是有限的，它在时域上的响应将是无限的，是一个非因果冲激响应。为了在实际系统上可实现，一般将升余弦冲激响应进行截短，并进行时延，使其成为因果响应。

（四）实验框图及功能说明

基带成型实验流程图如图3-74所示。

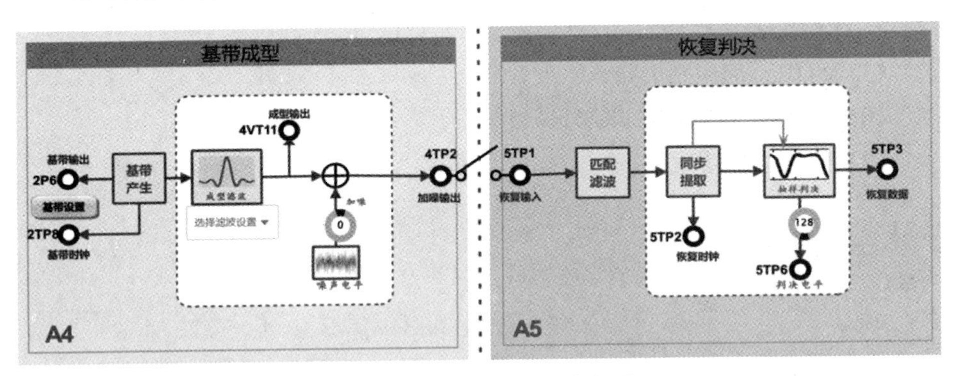

图3-74 基带成型实验流程图

框图说明：

在框图中，“基带设置”用于改变成型的基带数据，“成型参数”用于选择成型滤波器类型。

本实验中需要用到以下三个功能模块：

1. 信源编码与复用模块A2

模块A2完成了基带信号产生功能。在本实验中，将基带信号设置为“15-PN”“32K”。其中，基带信号从2P6输出，基带信号时钟从2TP8输出。

2. 频带调制模块A4

模块A4可以完成基带信号的成型滤波和加噪，32K基带信号输入，经成型滤波后的信号从4VT11输出。其中，成型参数有三种滤波器类型可选择：高斯、根升余弦、升余弦。

成型后的信号可以加入噪声模拟实际通信信道，噪声电平可控。

3. 频带解调模块A5

模块A5完成成型加噪后信号的抽样判决，抽样判决后信号从5TP3输出。

抽样判决电平可调节，用鼠标旋转判决电平旋钮，在5TP6可以观测当前判决电平。

（五）框图中各个测量点说明

1. 频带调制模块A4

（1）2P6：基带信号输出。

（2）2TP8：基带时钟输出。

（3）4VT11：成型输出。

（4）4TP2：成型加噪输出。

2. 频带解调模块A5

（1）5TP1：抽样判决输入。

（2）5TP3：判决输出（信号恢复）。

（3）5TP6：判决电平。

三、实验任务

（1）基带成型信号观测。

（2）基带成型信号抽样判决。

四、实验内容及步骤

（一）实验准备

1. 加电

打开系统电源开关（先打开实验台右侧面开关、再打开左侧开关），通过液晶显示和模块运行指示灯状态，观察实验平台加电是否正常。若加电状态不正常，请立即关闭电源，查找异常原因。

2. 选择实验内容

在液晶屏上根据功能菜单选择：实验项目→基带传输实验→眼图观测与判决再生，进入基带成型与抽样判决功能页面。

（二）基带成型信号观测

1. 工作模式参数设置及观测

鼠标点击“基带设置”，将基带信号修改为“15-PN”“32K”（实验仪对32K速率基带数据有效）。

用示波器通道1观测2P6成型前基带信号波形；用频谱仪或示波器的FFT功能，分析成型前基带信号频谱。

2. 高斯成型参数设置及观测

用鼠标点击“选择滤波设置”：选择“高斯”成型，如图3-75，用示波器通道2观测成型后信号4VT11，分析其时域特性是否有码间串扰；用频谱仪或示波器的FFT功能，分析成型后基带信号频谱。

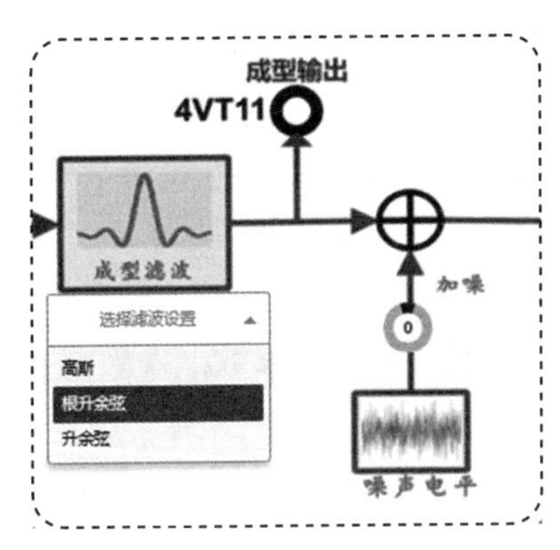

图3-75　高斯成型参数设置

3. 根升余弦成型参数设置及观测

选择“根升余弦”成型，用示波器通道2观测成型后信号4VT11，分析其时域特性是否有码间串扰；用频谱仪或示波器的FFT功能，分析成型后基带信号频谱。

4. 升余弦成型参数设置及观测

选择“升余弦”成型，用示波器通道2观测成型后信号4VT11，分析其时域特性是否有码间串扰；用频谱仪或示波器的FFT功能，分析成型后基带信号频谱。

5. 对比不同成型参数

根据不同成型参数滤波后的基带信号频谱，对比其频谱的变化。结合前面实验中观测眼图的方法，观察不同成型参数下眼图的变化，是否有码间串扰。

（三）基带成型信号抽样判决

1. 恢复判决信号观测

示波器双通道分别观测原始基带信号2P6和抽样判决后信号5TP3，分析其是否相同。改变判决电平（示波器测5TP6），用示波器测5TP3判决恢复信号（恢复信号有延时）。

2. 恢复信号及判决电平观测

逐渐调整判决电平，在5TP6可以观测当前判决电平。

示波器双通道分别观测原始基带信号2P6和抽样判决后信号5TP3，逐渐减小抽样判决电平，直到5TP3抽样判决出现误码，记录5TP6当前电平值，为最小可判决电平。

逐渐增大抽样判决电平，直到5TP3抽样判决出现误码，记录5TP6当前电平值，为最大可判决电平。

由上述测量数据可正确判决电平范围。

3. 不同成型参数及抽样判决电平测量

将“成型参数”分别设置为“根升余弦”“升余弦”，重新按照上述步骤测量可正确判决电平范围，分析不同成型参数下效果。

4. 噪声对抽样判决的影响

逐渐改变模块A4噪声电平（200 mV以内），将成型后的信号加噪（加噪后信号可观测4TP2），改变模块A5编码判决电平（示波器测5TP6），用示波器测5TP3判决恢复信号，将恢复判决信号调节到正确状态，测量数据可正确判决电平范围。

逐渐增大噪声电平，重新完成上述测量，可正确判决电平。

分析信道噪声对抽样判决的影响。

（四）实验结束

实验结束，关闭电源：先关闭控制器PC机，再关闭左侧开关，最后关闭右侧面开关（右侧面开关为总电源），整理实验台，并按要求放置好实验附件和实验模块。

五、实验报告要求

（1）完成实验，记录实验相关波形及数据。

（2）叙述基带成型的作用。

（3）分别画出基带成形前后频谱图，从频谱图定量分析成型对消除码间串扰的作用。

（4）叙述噪声对判决电平的影响。

六、思考题

（1）基带信号成型在实际通信系统中有什么意义？为什么不用原始信号进行传输？

（2）查资料了解α增大（或减小）、频谱增宽（或缩窄）、时间旁瓣减小（或增大）、定时灵敏度减小（或增大）的原理？

第四节 同步技术

同步技术是通信系统中关键技术，也是系统正常工作的前提，在正常通信建立前，系统需要先进行同步。同步系统性能的降低会直接导致通信系统性能的降低，甚至使通信系统不能工作。在数字通信系统中，要求同步系统具有比信息信号传输更高的可靠性。通信系统基本模型如图3–76。

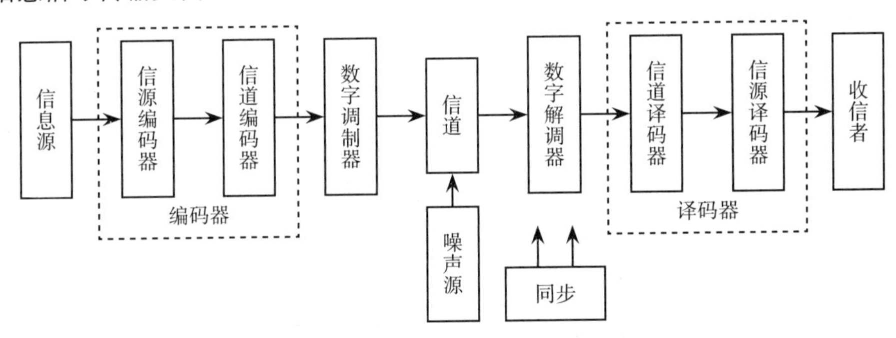

图3–76 通信系统基本模型

在通信系统中同步一般包括：

（1）载波同步：在相干检测中，接收端如何获得与发射端调制载波同频同相的相干载波。

（2）位同步：在接收端如何产生与接收码元同频同相的定时脉冲序列。

（3）群同步或帧同步：在接收端如何产生与“码字”“句”起始时刻一致的定时脉冲序列。

（4）网同步：在多用户的条件下，如何使得整个通信网有一个统一的时间基准——解决通信网的时钟同步问题。

在前面的实验中，很多实验已经穿插了同步技术相关的内容，但是没有专门强调，本节则主要强调同步技术实验，因此在实验中可以回想并结合前面实验内容，将知识点进行综合。

同步技术实验包含以下实验内容：

（1）载波同步实验。

（2）位同步实验。

（3）帧同步实验。

◉ 实验二十三　载波同步

一、实验目的

（1）掌握用Costas环提取相干载波的原理与实现方法；

（2）了解相干载波相位模糊现象的产生原因。

二、实验原理

（一）载波提取基本原理

载波同步是通信系统中关键技术。当采用同步解调或相干检测时，接收端需要提供一个与发射端调制载波同频同相的相干载波。这个相干载波的获取方法就称为载波提取，或称为载波同步。

提取载波主要方法是在接收端直接从发送信号中提取载波，这类方法称为直接法。一般的载波提取有两种方法，Costas环法和平方环法，由于实验中采用了Costas环法，因此主要介绍Costas环的工作原理。

Costas环又称同相正交环，其原理框图如3-77所示：

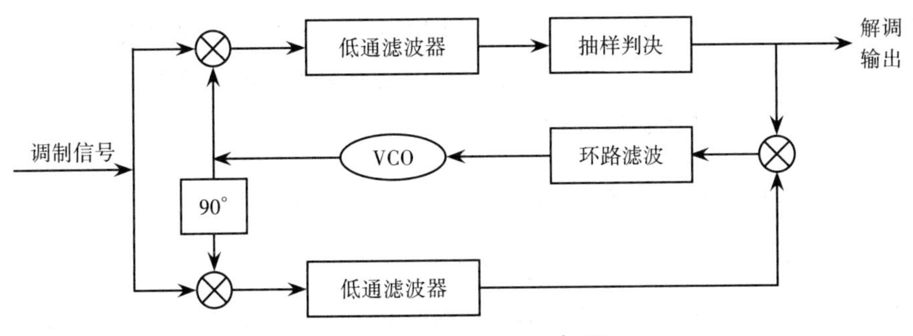

图3-77 Costas环原理框图

在Costas环环路中，压控振荡器输出信号直接供给一路相乘器，供给另一路的则是压控振荡器输出经90°移相后的信号。两路相乘器的输出均包含调制信号，两者相乘以后可以消除调制信号的影响，经环路滤波器得到仅与压控振荡器输出和理想载波之间相位差有关的控制电压，从而准确地对压控振荡器进行调整，恢复原始的载波信号。

现在从理论上对Costas环的工作过程加以说明。设输入调制信号为$m(t)\cos\omega_{ct}$，则

$$v_3 = m(t)\cos\omega_c t\cos(\omega_c t + \theta) = \frac{1}{2}m(t)\left[\cos\theta + \cos(2\omega_c t + \theta)\right]$$

$$v_4 = m(t)\cos\omega_c t\sin(\omega_c t + \theta) = \frac{1}{2}m(t)\left[\sin\theta + \sin(2\omega_c t + \theta)\right]$$

经低通滤波器后的输出分别为：

$$v_5 = \frac{1}{2}m(t)\cos\theta$$

$$v_6 = \frac{1}{2}m(t)\sin\theta$$

将v_5和v_6在相乘器中相乘，得

$$v_7 = v_5 v_6 = \frac{1}{8}m^2(t)\sin 2\theta$$

式中，θ是压控振荡器输出信号与输入信号载波之间的相位误差，当θ较小

时，有

$$v_7 \approx \frac{1}{4} m^2(t)\theta$$

式中，v_7大小与相位误差θ成正比，它就相当于一个鉴相器的输出。用v_7去调整压控振荡器输出信号的相位，使稳定相位误差减小到很小的数值。这样压控振荡器的输出就是所需提取的载波。

（二）锁相环的几种状态说明

锁相环在工作中分为锁定和失锁（捕获）两种状态。锁定状态是静态的。在失锁状态下，锁相环不断地试图通过捕获同步进入同步状态，该过程是动态的。如图3-78所示。

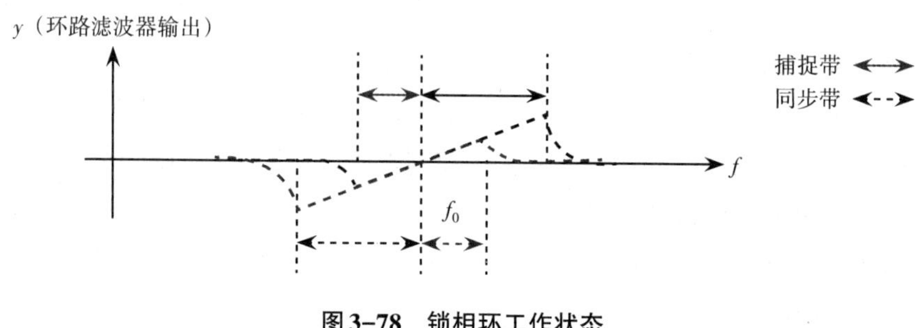

图3-78　锁相环工作状态

1. 参数说明

锁相环的动态性能由以下几个参数来表征：失锁带（pull-out range）、捕捉带（pull-in range）、同步带（hold range）、捕获时间。下面给出这些参数的描述性定义。

（1）同步带：在锁定状态下，缓慢地改变输入信号频率来增加固有频差，若环路随着频差增大而最终失锁，则失锁时所对应的最大固有频差称为同步带。同步带是环路可以维持静态相位跟踪的频偏范围，锁相环路在此范围里可以保持静态的条件稳定。同步带代表了锁相环的静态稳定极限。

（2）捕获带：在锁相环初始时刻就处于失锁状态的情况下，环路最终能锁定的最大固有频差称为锁相环的捕获带。只要环路失锁时的频偏在这一范围里，环路总会再次锁定，但时间较长。

（3）失锁带：如果锁相环的输入信号的频率阶跃超过一定范围，那么锁相环将失锁，这个频率的范围称为失锁带。

（4）捕获时间：环路从某个起始状态频差开始，经历周期跳跃达到频率锁定状态所需的时间。即初始频差在锁相环的捕获带内，锁相环从失锁状态到锁定状态所需的时间。

2. 必要条件

在锁定和失锁这两种状态下，环路的正常工作都是需要一定条件的，上面提到的几个稳定性参数就是这些条件的量化反映。锁相环路维持相位跟踪有三个必要条件：

（1）参考信号频率的变化总量要小于同步带的宽度。

（2）参考信号的最大频率阶跃量要小于失锁带的宽度。

（3）参考频率的变化率必须小于自由角频率的平方。

（三）电路组成

本实验平台频带调制端载波信号产生采用数字控制振荡器NCO技术，载波频率连续可调，便于验证Costas环的同步带和捕捉带，采用这种技术能方便学生研究解调端Costas环载跟踪性能，具体载波同步锁相环电路原理见PSK调制解调实验。

采用Costas环进行载波同步具备以下优点：

（1）该解调环在载波恢复的同时，即可解调出数字信息。

（2）该解调环电路结构简单，整个载波恢复环路可用模拟和数字集成电路实现。

但该解调环路的缺点是：在进行PSK解调时，存在相位模糊的情况。

（四）实验框图及功能说明

Costas环流程图如图3-79所示。

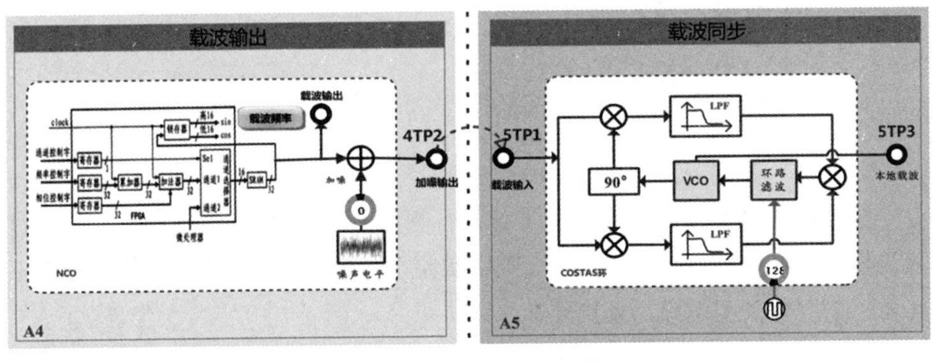

图3-79　Costas环流程图

框图说明：

本实验中需要用到以下2个功能模块：

1. 频带调制模块A4

模块完成输入基带信号的PSK调制，基带信号和基带时钟分别从2P6和2TP8输入，调制后信号从4TP2输出。调制载波频率默认为1.024 MHz，通过"载波频率"旋钮可修改，载波频率范围为900 ~ 1100 kHz。

2. 频带解调模块A5

模块载波提取采用了硬件电路的Costas环，Costas环VCO工作参数可通过模块右下角编码器调节。

（五）测量点说明

1. 频带调制模块A4

4TP2：PSK调制输出。

2. 频带解调模块A5

（1）5TP1：解调信号输入。

（2）5TP3：本地同步载波输出。

三、实验任务

（1）锁相环载波同步观测。

（2）锁相环同步带测量。

（3）锁相环捕捉带测量。

四、实验内容及步骤

（一）实验准备

1. 加电

打开系统电源开关（先打开实验台右侧面开关、再打开左侧开关），通过液晶显示和模块运行指示灯状态，观察实验平台加电是否正常。若加电状态不正常，请立即关闭电源，查找异常原因。

2. 选择实验内容

使用鼠标在液晶屏上根据功能菜单选择：实验项目→信道复用及同步技实验→载波同步实验，进入载波同步实验页面。

（二）锁相环载波同步观测（科斯塔斯环同步载波信号观察）

示波器一个通道观测4TP2（发端载波）并作同步，示波器另一通道观测5TP3（本地载波）；通过点击“载波频率”按钮，将发端载波频率调节到1000 kHz（1 MHz）；观测5TP3信号频率和相位变化，直到两路载波频率完全同步为止。

（三）锁相环同步带测量（Costas环同步带测量）

在Costas环同步的状态下，先通过点击“载波频率”按钮和转动鼠标滚轮，逐渐向上调节发端载波频率，直到接收端载波无法跟踪发端载波，记录锁相环同步带上限。

然后通过转动鼠标滚轮，逐渐向下调节发端载波频率，直到接收端载波无法跟踪发端载波，记录锁相环同步带下限。

重新完成两次该步骤，记录三次测量数据，取平均值。

（四）锁相环捕捉带测量（Costas环捕捉带测量）

用鼠标点击流程图“载波频率”按钮，将发端载波频率调节到950 kHz（可以调到更小）；通过转动鼠标滚轮逐渐增大发端频率，直到接收端载波完全同步为止，记录锁相环捕捉带下限。

将发端载波频率调节到1050 kHz，通过转动鼠标滑轮逐渐减小发端载波频率，直到接收端载波完全同步位置，记录锁相环捕捉带上限。

重新完成两次该步骤，记录三次测量数据，取平均值。

（五）实验扩展

Costas环还有其他和性能相关的参数，如捕获时间、失锁带等，实验中不太便于测量，感兴趣的同学可以自己思考测量方法进行测试。

根据测得的参数，画出锁相环的工作范围，并标出对应的同步带和捕捉带。

（六）实验结束

实验结束，关闭电源：先关闭控制器PC机，再关闭左侧开关，最后关闭右侧面开关（右侧面开关为总电源），整理实验台，并按要求放置好实验附件和实验模块。

五、实验报告要求

（1）完成实验步骤内容，并记录相关测量数据及波形。

（2）叙述Costas环载波同步工作原理。

（3）给出本实验平台载波同步范围，分析其性能。

◉实验二十四　位同步提取

一、实验目的

（1）了解不同方法提取位同步信号的原理；

（2）了解位同步系统的性能分析；

（3）观察数字锁相环提取位同步信号的过程；

（4）分析AMI和HDB3码的位同步信号。

二、实验原理

（一）位同步介绍

在数字通信系统中，同步技术是非常重要的，而位同步是最基本的同步。位同步时钟信号不仅用于监测输入码元信号，确保收发同步，而且在获取帧同步、群同步及对接收的数字码元进行各种处理的过程中，也为系统提供了一个基准的同步时钟。

在接收数字信号时，为了在准确的判决时刻对接收码元进行判决，以及对接收码元能量正确积分，必须得知接收码元的准确起止时刻。为此，需要获得接收码元起止时刻的信息，从此信息产生一个码元同步脉冲序列，或称定时脉冲序列。

二进制码元传输系统的码元同步可以分为两大类。第一类称为外同步法，它是一种利用辅助信息同步的方法，需要信号中另外加入包含码元定时信息的导频或数据序列。第二类称为自同步法，它不需要辅助同步信息，直接从信息码元中提取出码元定时信息。显然，这种方法要求在信息码元序列中含有码元定时信息。在数字通信系统中外同步法目前采用不多，我们对其不作详细介绍。

自同步法不需要辅助同步信息，它分为两种，即开环（open loop）同步法和闭环（closed-loop）同步法。开环同步法中采用提取码元同步信息。在闭环同步中，则用比较本地时钟周期和输入信号码元周期的方法，将本地时钟锁定在输入信号上。闭环同步法更为准确，但是也更为复杂。

传统的由硬件电路实现位同步的方式已经落后，在现代实际通信系统中基本不再使用。我们采用了现代较为先进的实现方式，由FPGA实现常用的位同步。由于FPGA是可编程器件，可以通过编程完成不同的同步算法，常用的位同步算法有两种，一是采用开环结构的状态位同步电路，二是采用基于超前/滞后型锁相环的位同步提取电路。

下面分别来讨论这两种方案的优缺点，并提出新型的位同步提取算法。

1. 采用开环结构的快速位同步电路

由于这种结构没有采用闭环的相位调节电路，所以要求在每一个输入码元跳变沿实现与输出的同步脉冲跳变沿相位对齐。所以，通常采用这种结构的位同步电路能够快速实现同步。其典型实例如图3-80所示。

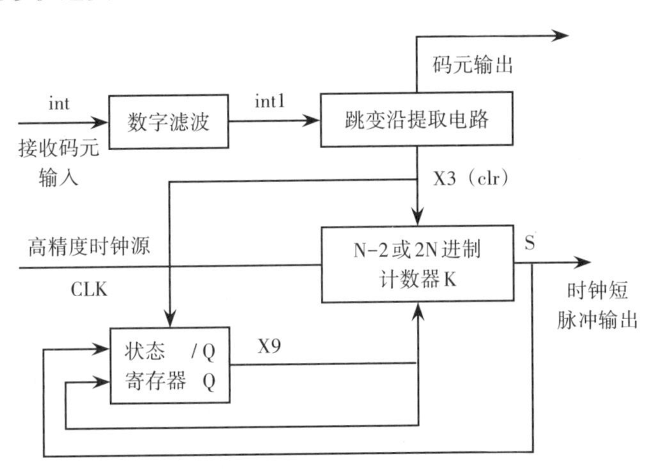

图3-80　开环位同步提取电路框图

跳变沿提取电路的作用是，当产生一个边沿脉冲时，它直接反映了输入信号的真实相位。以它为基准，就可以有效地提取出与输入信号同步的时钟。时钟同步的原理就是利用这个边沿脉冲清零计数器，输出反映输入码元相位的一个高精度时钟源周期的短脉冲。图3-80中状态寄存器保证了在接收码元出现连“0”或连“1”时仍然会有固定的反映码元时钟的短脉冲输出。可见，这种设计与数字锁相环法相比，优点主要是可以快速提取位同步脉冲，并进行实时输出。另外，这种电路结构要更节省硬件资源。

该电路也有两大缺点。第一个缺点是输出S并不是占空比为50%的时钟脉冲，而是间隔不固定的短脉冲。此缺点可以通过增加一个时钟整形电路来解决。第二个缺点是，由于跳变沿提取电路的输出X3（clr）具有对计数器清零的作用，如果跳变沿出现抖动的话，这种跳变沿会和计数器原先的输出产生冲突，造成输出时钟信号占空比大幅度变化，严重时会出现毛刺。这对后续电路功能的实现无疑会产生致命的影响，很可能导致设计失败。

2. 基于超前/滞后型锁相环的位同步提取电路

这种电路一般采用添/扣门结构，如图3-81所示，每输入一个码元后，根据鉴相器输出是超前还是滞后，通过反馈回路控制的添/扣门来调整相位，使之逼近输入码元的相位。为了提高精度，这种方案只能采用更短的调整脉冲，一旦失步，就需要通过反馈回路重新调整。每一个超前和滞后脉冲仅能调整一步，如果接收码元出现连“0”或连“1”的情况，锁定时间会很长，使其同步建立时间和调整精度变得相互制约。尽管有此缺点，但由于这种结构具有失锁后的自我调节性，因此，码元消失或码元相位出现抖动时，同步脉冲不会出现较大变化，仍然可以输出稳定的同步脉冲。

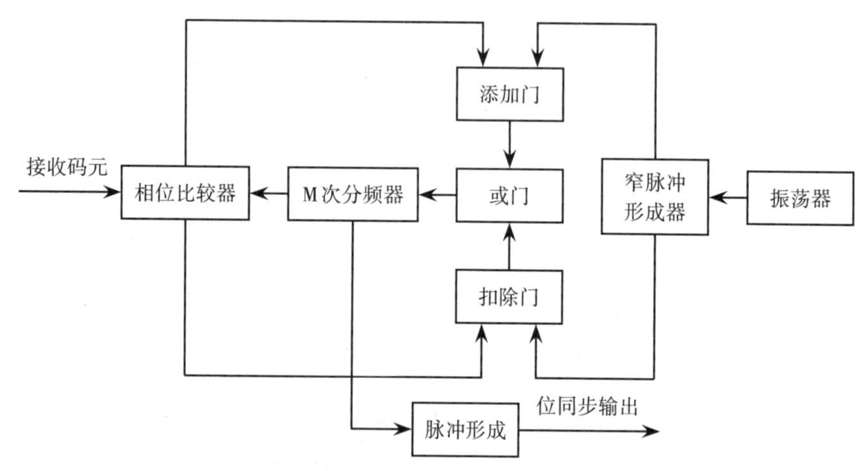

图3-81　数字锁相环法位同步提取原理框图

(二) 实验中位同步原理

综合以上两种设计的优缺点，实验中采用了一种新型的设计方案，其原理框图如图3-82所示。该方案实现位同步的基本原理是利用输入码元的跳变沿脉冲作为计数器的清零输入信号。系统时钟为高分辨率的时钟F（实际系统为65.536 MHz，一般取远大于码元速率的时钟），码元速率为f（假设为128 kHz）。为了获取和f同步的时钟，需要对F进行分频，分频系数$N = F/f = 65.536$ MHz / 128 kHz = 512。设计一个循环计数器，计数0开始时钟输出“0”，在计数到$N/2$（N为0～255，50%占空比）时完成跳变输出“1”，计数到511时计数器清零，并输出“0”，连续循环则会产生本地128 kHz时钟，但是该时钟和输入的码元时钟不一定同步，需要进一步处理。首先将输入的码元进行滤波，滤除码元边沿可能出现的毛刺，之后提取出码元的边沿跳变，则该跳变时刻和码元时钟同步，但是由于长连“0”或长连“1”的存在，不一定有连续的跳变，因此需要和本地时钟结合。将边沿的跳变信号作为本地时钟计数器的清零信号，这样N的计数就和输入码元的起始时刻同步，每隔1个码元或n（n一般不能太大，对于hdb3编码，$n < 4$）个码元，就可以进行一次同步，这样就保证了本地时钟和输入码元时钟的同步。在计数255时对码元进行采样，则可以采集到码元的中间时刻。

清零信号主要分为两种情况：

(1) 计数不满511。例如，计数502，有边沿清零信号，则计数清零，时钟跳变输出“0”。

(2) 计数已过511。例如，已经重新计数到5，计数重新清零，时钟输出保持“0”。

注：现在的使用晶体作为时钟源，时钟精度偏差一般小于1%。

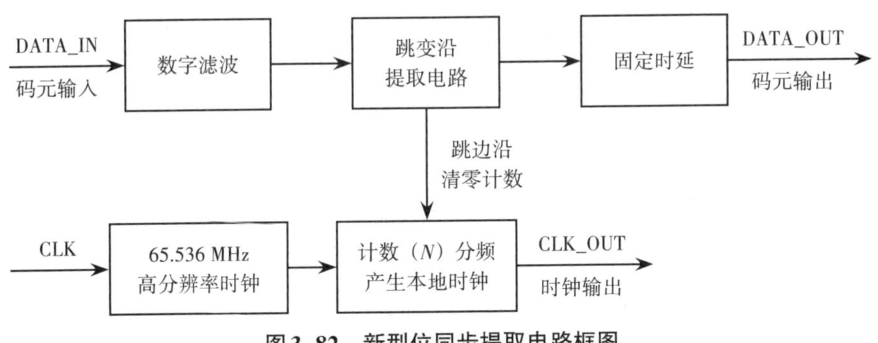

图3-82 新型位同步提取电路框图

图3-82中数字滤波器的作用是将输入码元中的窄脉冲干扰滤除掉，这部分电路较简单，在此不作介绍。跳变沿提取电路的作用仍然是提取码元的跳变沿，这部分作用和实现原理与介绍的方法相同。其中，跳变沿提取电路如图3-83所示。

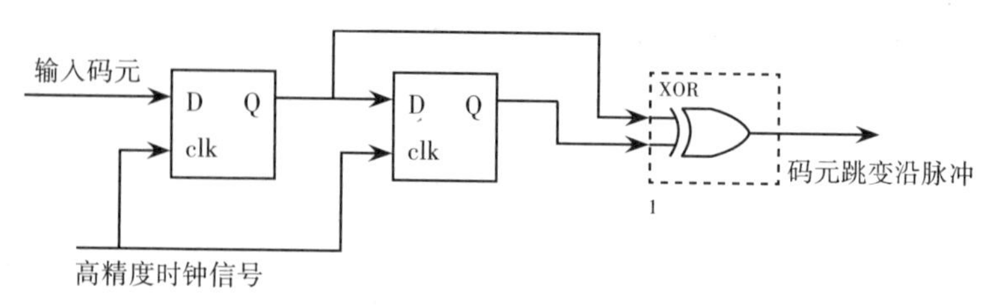

图3-83　码元跳变沿脉冲产生电路

（三）实验框图及功能说明

位同步提取实验框图如图3-84。

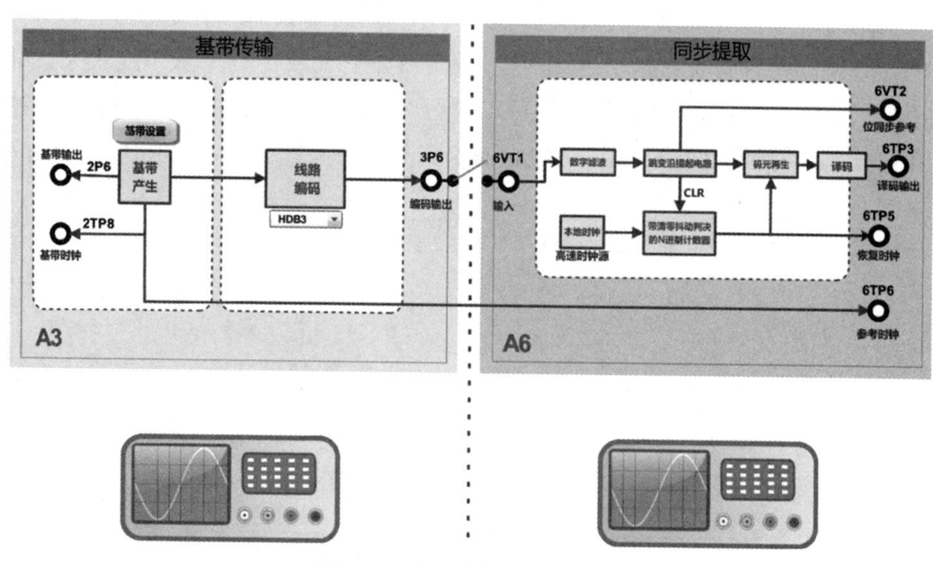

图3-84　位同步提取实验框图

框图说明：

本实验中需要用到以下2个功能模块：

1. 码型变换线路与信道编码模块A3

模块完成对基带信号的产生，码型变换。

实验中，2P6和2TP8分别产生基带信号和基带时钟，可以通过基带设置，修改基带类型和时钟速率，3P6线路编码后的信号输出，编码类型可修改为

AMI或HDB3，以便验证两种编码包含的位同步信息。

2. 信道译码模块A6

该模块完成对码型变换后的信号进行位同步提取及译码输出。

将3P6编码输出送入6VT1，信号送入编码输入端，对编码数据进行位同步提取，提取出的同步信息脉冲通过6VT2输出，6TP5为位同步时钟。

（四）框图中各个测量点说明

1. 码型变换线路与信道编码模块A3

（1）2P6：基带信号输出。

（2）2TP8：基带时钟输出。

（3）3P6：编码输出。

2. 信道译码模块A6

（1）6VT1：编码输入。

（2）6VT2：位同步参考。

（3）6TP3：译码输出。

（4）6TP5：恢复时钟。

（5）6TP6：参考时钟。

三、实验任务

（1）AMI位同步时钟提取。

（2）HDB3位同步时钟提取。

四、实验内容及步骤

（一）AMI编码位同步时钟提取

1. 选择实验内容

在液晶屏上根据功能菜单选择：实验项目→信道复用及同步实验→位同步实验，进入位同步实验功能页面。

2. 基带数据设置及观测

使用双踪示波器分别观察2P6和2TP8。使用鼠标点击“基带设置”按钮，尝试修改基带信号的类型、时钟，观察示波器观测波形的变化，理解并掌握基带数据设置的基本方法。

3. AMI编码观测

将基带时钟设置为64 kHz，编码类型为AMI，用示波器观测3P6位同步输出的AMI编码。尝试修改基带类型为“15-PN”，设置数据，将数据设置为全“0”、全“1”、其他数据，观察AMI编码输出，并注意其是否包含位同步信息。

4. 伪随机序列AMI编码位同步信息提取

合上收发模块间的开关。将基带信号设置为“PN-15”，观测6VT2位定时提取信号，以及6TP5提取时钟关系。用示波器同时观测提取时钟6TP5和参考时钟6TP6，观察两时钟是否同步。

5. 设置数据位同步信息提取

将基带信号修改为设置数据，观测6VT2位定时信息，6TP5提取时钟。尝试修改设置数据为全“0”数据，观察上述测量点的变化；逐渐增加设置数据“1”码的数量，观察各个测量点的变化。用示波器同时观测6TP5和6TP6，观察提取时钟是否同步，以及时钟抖动的情况。

总结使用AMI编码时，全“0”码时，是否包含位同步信息；并分析全“1”码情况。

6. 修改时钟进行观测

将基带时钟修改为128 kHz，重新完成上述位同步信息的观测。分析不同时钟速率下，AMI码同步性能是否相同。

（二）HDB3编码位同步时钟提取

1. HDB3编码观测

将基带时钟设置为64 kHz，编码类型为HDB3，用示波器观测3P6位同步输出的HDB3编码。尝试修改基带类型为“15-PN”，设置数据，将数据设置为全“0”、全“1”、其他数据，观察AMI编码输出，并注意其是否包含位同步信息。

2. 伪随机序列HDB3编码位同步信息提取

合上收发模块间的开关。将基带信号设置为“PN-15”，观测6VT2位定时提取信号，以及6TP5提取时钟关系。用示波器同时观测提取时钟6TP5和参考时钟6TP6，观察两时钟是否同步。

3. 设置数据位同步信息提取

将基带信号修改为设置数据，观测6VT2位定时信息，6TP5提取时钟。尝试修改设置数据为全“0”数据，观察上述测量点的变化；逐渐增加设置数据“1”码的数量，观察各个测量点的变化。用示波器同时观测6TP5和6TP6，观察提取时钟是否同步，以及时钟抖动的情况。

分析HDB3全“0”码时，是否包含位同步信息。

4. 修改时钟进行观测

将基带时钟修改为128 kHz，重新完成上述位同步信息的观测。分析不同时钟速率下，HDB3码接收同步性能是否相同。

（三）实验结束

实验结束，关闭电源：先关闭控制器PC机，再关闭左侧开关，最后关闭右侧面开关（右侧面开关为总电源），整理实验台，并按要求放置好实验附件和实验模块。

五、实验报告要求

（1）完成实验步骤内容，并记录相关测量数据及波形。

（2）简述常见位同步提取的方法。

（3）分析AMI和HDB3位同步提取的区别。

◉实验二十五　帧同步

一、实验目的

（1）掌握巴克码识别原理；

（2）掌握同步保护原理；

（3）掌握假同步、漏同步、捕捉态、维持态的概念。

二、实验原理

（一）帧同步概念

数字通信系统传输的是一个接一个按节拍传送的数字信号单元，即码元，因而在接收端必须按与发送端相同的节拍进行接收，否则，会因收发节拍不一致而导致接收性能变差。此外，为了表述消息的内容，基带信号都是按消息内容进行编组的，因此，编组的规律在收发之间也必须一致。在数字通信中，称节拍一致为“位同步”，称编组一致为“帧同步”。在时分复用通信系统中，为了正确地传输信息，必须在信息码流中插入一定数量的帧同步码，它可以是一组特定的码组，也可以是特定宽度的脉冲，可以集中插入，也可以分散插入。集中式插入法也称为连贯式插入法，即在每帧数据开头集中插入特定码型的帧同步码组，这种帧同步法只适用于同步通信系统，需要位同步信号才能实现。

（二）帧同步码组

适合做帧同步码的特殊码组很多，对帧同步码组的要求是它们的自相关函数尽可能尖锐，便于从随机数字信息序列中识别出这些帧同步码组，从而准确定位一帧数据的起始时刻。由于这些特殊码组$\{x_1, x_2, x_3, \cdots, x_n\}$是一个非周期序列或有限序列，在求它的自相关函数时，除了在时延$j=0$的情况下，序列中的全部元素都参加相关运算外，在$j \neq 0$的情况下，序列中只有部分元素参加相关运算，其表示式为

$$R(j) = \sum_{i=1}^{n-j} x_i x_{i+j}$$

通常把这种非周期序列的自相关函数称为局部自相关函数。对同步码组的另一个要求是识别器应该尽量简单。目前，一种常用的帧同步码组是巴克码。

巴克码是一种非周期序列。一个n位的巴克码组为$\{x_1, x_2, x_3, \cdots, x_n\}$，其中$x_i$取值为+1或−1，它的局部自相关函数为

$$R(j) = \sum_{i=1}^{n-j} x_i x_{i+j} = \begin{cases} n, & j = 0 \\ 0\text{或} \pm 1, & 0 < j < n \\ 0, & j \geq n \end{cases}$$

目前已找到的所有巴克码组如表3-21所列。

表3-21 巴克码组

n	巴克码组
2	++
3	++1
4	+++-; ++-+
5	+++-+
7	+++--+1
11	+++---+--+-
13	+++++--++-+-+

以七位巴克码组{+ + + − − +1}为例，求出它的自相关函数如下：

当$j = 0$时，$R(j) = \sum_{i=1}^{7} x_i^2 = 1 + 1 + 1 + 1 + 1 + 1 + 1 = 7$

当$j = 1$时，$R(j) = \sum_{i=1}^{7} x_i x_{i+1} = 1 + 1 - 1 + 1 - 1 - 1 = 0$

（三）帧同步提取及同步状态

实际数字通信系统中，由于采用了数字可编程（FPGA）器件，我们可以设计比较复杂的帧同步判决状态机（图3-85），从而使漏同步（同步码出错）、假同步（信息码中有相同的同步码）的概率可以很小。因此，同步码不一定要选巴克码，本实验平台缺省帧同步码“01111110”，实验时可以设置改变。

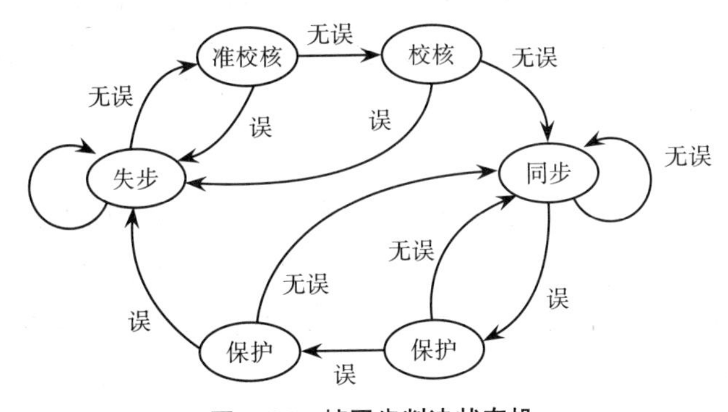

图3-85 帧同步判决状态机

注：本状态机不代表实验中实际使用状态机，实验中以实际测量为准，并由学生自己绘制。

（四）实验框图及测量点说明

帧同步原理实验框图如图3-86所示。

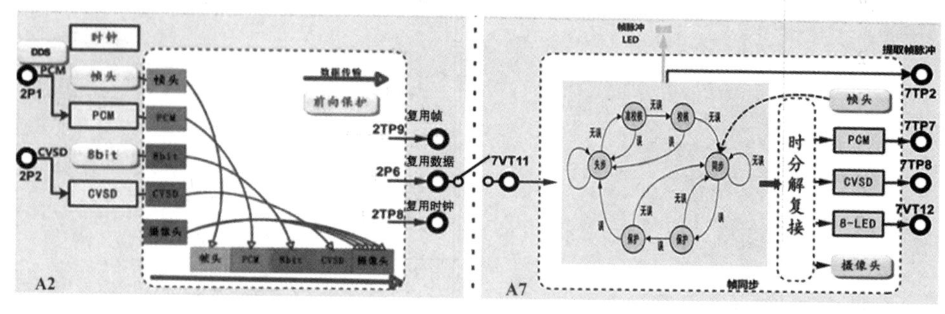

图3-86　帧同步原理实验框图

框图说明：

本实验中需要用到以下功能单元：

由信源编码与复用模块A2完成时分复用功能；由复用与信源译码模块A7完成帧同步提取及时分解复用功能。

时分复用时接入五路信号，分别是帧头、PCM、8 bit设置数据、CVSD数据、摄像头数据，PCM和CVSD是信源编码数据，由模块A2的处理器和FPGA分别对2P1和2P2输入的数据完成模数转换、PCM和CVSD编码，之后由FPGA同时将帧头、PCM数据、8位设置数据、CVSD数据、摄像头数据进行时分复用。在图3-86中，2P1和2P2均连接DDS，在本次实验中，我们重点不是关注复接内容，而是关注帧同步相关实验内容。在实验中，可以通过“前向保护”按钮为帧头加错，加错方式为：通过16 bit的拨码开关，循环为16帧数据的帧头进行加错，拨码设置为“0”帧头未加错，设置为“1”帧头加错，以便验证假同步、漏同步、捕捉态、维持态等状态。

帧同步提取由模块A7完成，模块A7中的FPGA主要完成位同步、帧同步、数据分接、信源译码等。提取的帧同步信号从7TP2输出，同时用“FS”指示灯指示同步状态。如果进入同步状态，则PCM译码，CVSD译码将还原的模拟信号从7TP7，7TP8输出，可以通过恢复的模拟信号验证帧同步是否正确。

流程图中：

（1）“DDS”按钮用于选择PCM和CVSD编码的模拟信号。

（2）“帧头”按钮用于设置同步帧头数据，要求收发帧头数据必须相同。

（3）“8bit”按钮用于设置开关量。

（4）“8-LED”按钮用于选择A7模块解复数据指示灯显示什么内容。

（五）各模块测量点说明

1. 信源编码与复用模块A2
（1）2P1：PCM编码模拟信号输入。
（2）2P2：CVSD编码模拟信号输入。
（3）2TP9：复用帧同步输出。
（4）2TP8：复用时钟输出。
（5）2P6：复用数据输出。
2. 复用与信源译码模块A7
（1）7VT11：解复接数据输入。
（2）7VT12：8-LED输出。
（3）7TP8：CVSD译码输出（模拟）。
（4）7TP7：PCM译码输出（模拟）。
（5）7TP2：帧同步脉冲输出。

三、实验任务

（1）时分复用及帧头观测。
（2）帧同步及帧同步保护分析。

四、实验内容及步骤

（一）实验准备

1. 加电
打开系统电源开关（先打开实验台右侧面开关、再打开左侧开关），通过液晶显示和模块运行指示灯状态，观察实验平台加电是否正常。若加电状态不正常，请立即关闭电源，查找异常原因。
2. 选择实验内容
使用鼠标在液晶屏上根据功能菜单选择：实验项目→信道复用及同步实验→帧同步及时分复用实验，进入帧同步实验页面。

（二）发送端复接及帧头观测

1. 同步帧脉冲及复接后帧头观测

用示波器一个通道测2TP9帧脉冲，并作同步；另一个通道测2P6，观测帧头数据，分析帧头的起始位置；单击复接模块“帧头”按钮，尝试改变帧头数据，观察帧头起始位置和帧同步的关系。可以尝试修改一些比较特殊的帧头，例如：“01111110（0x7E）”，“11100100（7 bit巴克码+1 bit 0）”。

2. 复接后8 bit数据观测

用示波器一个通道观测7TP2（也可2TP9）帧脉冲，并作同步；另一个通道观测7TP7，观察复用信道时隙关系，并根据实验原理所述，定位到3时隙8 bit数据位置，单击“8 bit”按钮，尝试修改8bit编码开关，观测7TP7的数据变化情况。

注意：结束该步骤时，要保证设置的8 bit数据和帧头数据不同。

（三）帧同步提取观测及帧同步保护分析

1. 解复用同步帧脉冲观测

单击解复用模块“帧头”按钮，将其修改为和复用端一样的帧头数据。用示波器通道1观测2TP9帧脉冲，并作同步；另一个通道观测7TP2，观察解复用端提取的帧同步脉冲，并分析其是否同步。同时可以观测模块A7上“FS”指示灯状态，常亮状态为同步状态，常灭状态为非同步状态。

尝试拔掉7VT11接口上的复接数据，观测7TP2是否还有帧同步脉冲，以及“FS”指示灯是否常亮。此时输入端没有数据，无法检测到帧头，因此处于未同步状态。

尝试修改解复用“帧头”数据，将其修改为和复用端不同的帧头数据，观测7TP2是否还有帧同步脉冲，以及“FS”指示灯是否常亮，思考其原因。此时，输入端虽然有数据，但是无法检测到帧头，因此处于未同步状态

结束该步骤时，恢复帧头同步状态，继续完成下面步骤。

2. 假同步测试

假同步是指同步系统根据其同步算法进入了同步状态，但实际系统并没有真正同步的现象。设置复接发送端8 bit数据，使其和“帧头”数据相同，用鼠标多次重复切换模块A2和模块A7间的开关。用示波器同时观测2TP9和7TP2，观察7TP2是否每次都可以输出帧同步脉冲。用示波器观测原始信号

2P1和复接-译码恢复信号7TP7，是否每次都相同。如不相同，分析其原因。

3. 后方保护测量（捕捉态）

在帧同步提取中，增加了后方保护，后方保护是为了防止伪同步的不利影响。后方保护是这样防止伪同步的不利影响的：在捕捉帧同步码的过程中，只有在连续捕捉到n（n为后方保护计数）次帧同步码后，才能认为系统已真正进入了同步状态。后方保护的前提是在后方保护之前，系统处于捕捉状态。

用示波器分别观测：发送端帧同步脉冲2TP9，接收端检测的帧同步脉冲7TP2。单击“前向保护”按钮，弹出16 bit拨码开关。将16 bit设置为全“1”，则连续16帧数据帧头全部加错，如图3-87，观测此时7TP2是否有帧脉冲输出。逐渐增加正确帧头个数（将拨码开关设置为0），如1 bit，2 bit，3 bit，4 bit，…（连续的n bit），观测7TP2是否有帧头输出，根据结论分析后方保护计数n的个数；

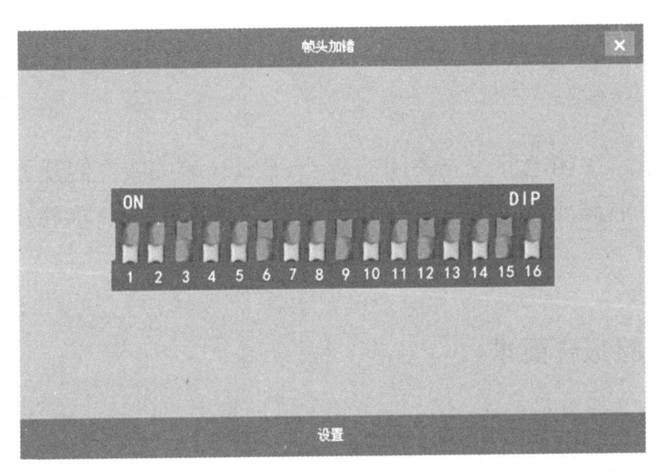

图3-87　帧头加错

后方保护时间是指从捕捉到第一个同步码到系统进入同步状态这段时间，可表示为T_d；尝试分析后方保护时间T_d。

4. 前向保护测试（维持态）

系统在进入同步状态后设置了前方保护，前方保护是为了防止假失步的不利影响。前方保护是这样防止假失步的不利影响的：当同步系统检测不到同步码时，并不立即进入捕捉态，而是当连续m次（m称为前方保护计数）检测不到同步码后，才判为系统真正失步，然后进入捕捉态，重新开始捕捉同步码。

用示波器分别观测：发送端帧同步脉冲2TP9，接收端检测的帧同步脉冲7TP2。单击“前向保护”按钮，弹出16 bit拨码开关。将16 bit设置为全“0”，则连续16帧数据帧头均未加错，观测此时7TP2帧脉冲是否正确。逐渐增加错误帧头个数（将拨码开关设置为1），如1 bit，2 bit，3 bit，4 bit，…（连续的n bit），观测7TP2帧同步检测信息是否有丢失，用示波器观测2P1和7TP7是否相同。根据结论分析前向保护计数n的个数。

尝试观测当开关位置为“0001000100010001”“0010010110010011”时，帧同步提取情况和解复用-译码信号恢复情况；

前方保护时间是指从第一个帧同步码丢失起到帧同步系统进入捕捉态为止的这段时间，可表示为T_s，尝试分析前向保护时间T_s。

5. 同步状态下音视频观测

将系统设置到同步状态，完成下列内容：

（1）用示波器观测7TP7和7TP8，比较输出信号和2P1输入信号是否一致。

（2）点击模块A7摄像头键，弹出视频窗口，如果系统工作正常，视频窗能显示模块A1摄像头图像。

（四）实验结束

实验结束，关闭电源：先关闭控制器PC机，再关闭左侧开关，最后关闭右侧面开关（右侧面开关为总电源），整理实验台，并按要求放置好实验附件和实验模块。

五、实验报告要求

（1）描述实验中采用的帧同步基本原理。

（2）完成实验步骤，并记录相关波形及实验结论。

（3）画出实验中帧同步的状态机。

（4）叙述帧同步过程以及后方保护，前方保护作用。

六、实验思考题

（1）如果希望开关设置为“0111011101110111”时系统仍能同步，则状态机应怎么修改？

（2）查阅相关资料，说明什么是帧同步后向保护。实验原理部分状态机中有没有后向保护功能？保护几帧？

第五节 通信系统实验

◉ 实验二十六 频带传输（有线、无线）通信系统

一、实验目的

（1）掌握频带通信系统构建；

（2）理解频带通信系统中各要素的作用；

（3）学会频带通信系统调试与性能指标测量。

二、实验原理

频带通信系统是一个完整的经信号源、信源编码、信道纠错编码、频带调制、信道传输（加噪）、频带解调、信道纠错译码、信源译码、音视频终端等数字通信要素构成的从信源到信宿的通信系统。天线通信系统流程图如图3-88所示：

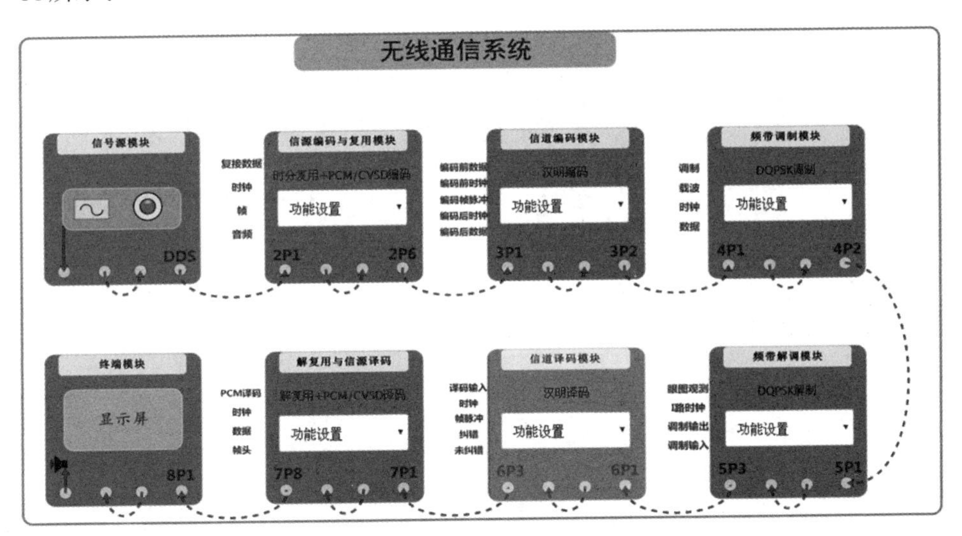

图3-88 无线通信系统流程图

三、实验任务

（1）按每个模块的功能进行各种参数配置。
（2）通信系统性能验证。

四、实验报告要求

（1）叙述频带通信系统信号变换流程，定性画出各测试点信号波形图。
（2）叙述各模块配置参数，说明配置参数的理由。

附　录

二次开发文件转换

一、说明

系统在进行二次开发时，下载的文件为“*.rbf”文件（二进制文件），因此需要将Quartus默认生成sof文件转换成rbf文件。在下面步骤中，将讲解如何将sof文件转换成rbf文件。

二、将FPGA程序*.sof文件转换成*.rbf文件的方法

（1）在quartus软件中，选择菜单：File-Conver Programming Files，如图F-1所示：

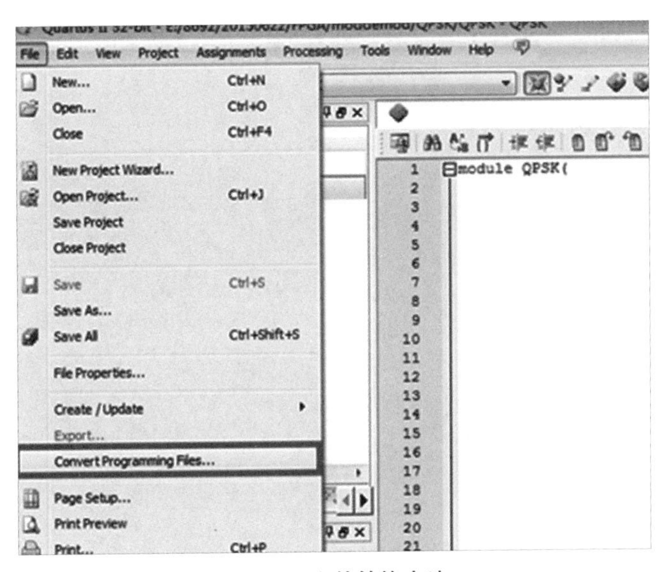

图F-1　文件转换方法

（2）打开后会显示如图F-2所示界面：

① 在页面上选择生成输出的文件为.rbf格式。

②定义输出的文件名称。

③添加待生成的.sof文件。

④点击生成（Generate）按钮，即可完成下载文件的转换。

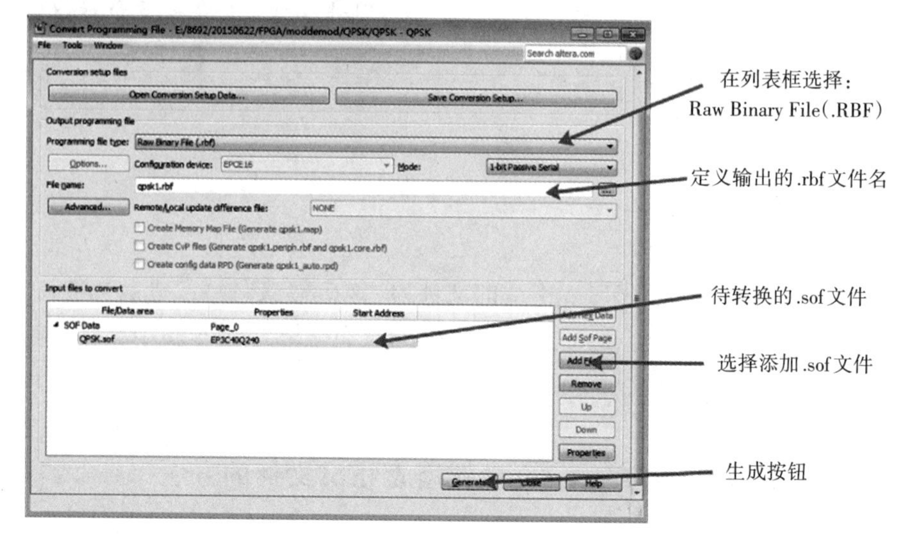

图F-2　生成成功

（3）生成成功会弹出弹框，提示：Generated qpsk1.rbf successfully。

（4）将生成的*.rbf文件按照实验部分的操作，下载到对应的模块中进行验证即可。